体育中的数学

[英]约翰·D.巴罗 著

周启琼 靖润洁 译

上海科技教育出版社

图书在版编目(CIP)数据

体育中的数学/(英)约翰·D.巴罗(John D. Barrow)
著;周启琼,靖润洁译. —上海:上海科技教育出版社,
2023.2(2024.5重印)
(数学桥丛书)
书名原文:100 Essential Things You Didn't Know You
Didn't Know About Sport
ISBN 978-7-5428-7857-1

Ⅰ.①体⋯ Ⅱ.①约⋯ ②周⋯ ③靖⋯ Ⅲ.①数
字–普及读物 Ⅳ.①01-49

中国版本图书馆 CIP 数据核字(2022)第 207958 号

责任编辑　侯慧菊　程　着
封面设计　符　劼

数学桥 丛书

体育中的数学

[英]约翰·D.巴罗　著
周启琼　靖润洁　译

出版发行　上海科技教育出版社有限公司
　　　　　(上海市闵行区号景路 159 弄 A 座 8 楼　邮政编码 201101)
网　　址　www.sste.com　www.ewen.co
经　　销　各地新华书店
印　　刷　上海商务联西印刷有限公司
开　　本　720×1000　1/16
印　　张　17.5
版　　次　2023 年 2 月第 1 版
印　　次　2024 年 5 月第 2 次印刷
书　　号　ISBN 978-7-5428-7857-1/N·1169
图　　字　09-2013-102 号
定　　价　60.00 元

前言

　　在这个奥运年，我有机会用简单的数学和科学方法深入揭示发生在各类体育运动中的一些不为人知的事情。书中将分别研究人体运动、计分系统、打破纪录、残奥比赛、力量型项目、药物测试、跳水、马术、跑步、跳跃和投掷等背后的科学原理。如果你是一位教练员或运动员，你将从数学的角度加深对所参与项目的了解。如果你是一位观众或是评论员，那么我希望你能更深入地了解游泳池中、体育场馆里以及跑道上或公路上所发生的事情。如果你是一位教育工作者，你会发现书中的各种案例会让你的科学和数学的教学内容更加生动，并使那些认为数学和体育不过是一个与时间的较量问题的人扩大视野。而如果你是一位数学家，你会很高兴地发现你的专长对于其他领域的人类活动来说是多么的必不可少。你会读到一些精心挑选的尚未被广泛讨论过的主题，其中还涵盖了许多体育项目的实例。作为平衡，针对一些非奥运项目，书中的一些章节也以更远的视角，利用奥林匹克历史素材进行了介绍。如果你在阅读后希望进一步深入了解奥运体育项目或推演，脚注会告诉你从哪里着手。

　　在此我要感谢艾尔斯（Katherine Ailes）、阿尔恰托雷（David

Alciatore）、阿斯顿（Philip Aston）、阿特金森（Bill Atkinson）、贝克（Henry Baker）、布雷（Melissa Bray）、克兰奇（James Cranch）、弗雷贝格尔（Marianne Freiberger）、富斯（Franz Fuss）、黑格（John Haigh）、亨森（Jörg Hensgen）、休森（Steve Hewson）、利普（Sean Lip）、马林斯（Justin Mullins）、佩德（Kay Peddle）、里安（Stephen Ryan）、沙立特（Jeffrey Shallit）、史密斯（Owen Smith）、斯皮格尔霍特（David Spiegelhalter）、司徒瓦特（Ian Stewart）、苏尔肯（Will Sulkin）、托马斯（Rachel Thomas）、沃克（Roger Walker）、韦安德（Peter Weyand）和赵鹏等人，与他们的讨论和交流激发了我的灵感。书中所涵盖的一些主题曾经作为伦敦格雷欣学院的 2012 年伦敦奥运会千禧数学项目讲座的一部分出现过，我非常感激活动参与者的积极投入和热情提问。我还必须感谢我的家人伊丽莎白（Elizabeth）、戴维（David）、罗杰（Roger）和路易斯（Louise），感谢他们的热情支持，虽然他们知道这本书不会帮助他们获得任何奥运会门票。

约翰·D. 巴罗
2012 年于剑桥大学

preface

目 录

不费吹灰之力
打破世界纪录

飞人博尔特(Usain Bolt)是人类有史以来最好的短跑选手。然而在他十四五岁时,几乎没人能预测到他在完成 400 米和 200 米竞赛后,100 米还能够跑那么快。教练决定让他在 100 米项目上跑一个赛季,以提高基本冲刺速度,没人指望他能脱颖而出。而且他们怀疑,作为 100 米短跑选手,他是否太高了? 他们大错特错了。他不是偶尔将世界纪录提高百分之一秒,而是大幅度地刷新了世界纪录[①]。2008 年 5 月,他先在纽约将鲍威尔的 9.74 秒的世界纪录提高到 9.72 秒,随后在当年的北京奥运会上又将该纪录提高到 9.69 秒(实际上是 9.683 秒),2009 年的柏林世锦赛上,他又戏剧性地将该纪录提高到 9.58 秒(实际上是 9.578 秒)。他在 200 米项目上的进步更是惊人,在北京他将约翰逊于 1996 年创造的 19.32 秒的纪录提高到 19.30 秒(实际上是 19.296 秒),而后又在柏林提高到 19.19 秒。这些跳跃是如此之大,人们已经开始计算博尔特的最大可能速度了。不幸的是,所有的评论家都错过了两个让博尔特不费吹灰之力就跑得更快的关键因素。"怎么可能呢?"我听到你在问。

100 米短跑纪录是两部分时间的总和:对起跑发令枪的反应时间和后续 100 米距离的跑步时间。如果运动员在起跑发令枪响 0.10 秒内对起跑器施加压力,

① 本书中所列世界纪录,均为作者完稿时数据。——编注

则被判为抢跑。明显地,在优秀的短跑运动员中博尔特的反应时间最长——在北京奥运会上,他在所有入围决赛的选手中起跑排在倒数第二,在柏林世锦赛上取得 9.58 秒成绩时他的起跑排在倒数第三。这使博尔特在北京的平均速度是 10.50 米/秒,在柏林(他的反应速度更快些)是 10.60 米/秒。这已经比斯坦福大学人类生物学家最近预测的他的最快速度 10.55 米/秒更快了。

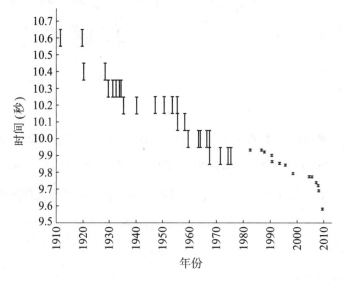

图 1.1

博尔特	$0.146 + 9.434 = 9.58$
汤普森(Richard Thompson)	$0.119 + 9.811 = 9.93$
盖伊(Tyson Gay)	$0.144 + 9.566 = 9.71$
钱伯斯(Dwain Chambers)	$0.121 + 9.877 = 10.00$
鲍威尔(Asafa Powell)	$0.134 + 9.706 = 9.84$
伯恩斯(Marc Burns)	$0.165 + 9.835 = 10.00$
贝利(Daniel Bailey)	$0.129 + 9.801 = 9.93$
帕顿(Darvis Patton)	$0.149 + 10.191 = 10.34$

在北京奥运会决赛时,博尔特在成绩为 9.69 秒时的反应时间为 0.165 秒,

其他 7 位入围决赛选手的反应时间分别是 0.133、0.133、0.134、0.142、0.145、0.147 和 0.169 秒。

从这些统计数据可以很清楚地看出博尔特最薄弱的环节是什么——他对起跑发令枪的反应很慢。这与起跑慢还不太一样。一个身材高大的运动员,四肢较长,惰性也大,他需要更多的动作才能从起跑器上起身直立。如果博尔特能将他的反应时间降低到 0.13 秒——这个起跑成绩很好但还不是最好,那么他就能将他的 9.58 秒的短跑纪录提高到 9.56 秒。如果他的反应时间能降到出色的 0.12 秒,他就能跑到 9.55 秒。如果他的反应时间能降到规则允许的 0.1 秒,他就能取得9.53 秒的好成绩。他不必跑得更快!

这是评估博尔特未来发展潜力时错过的第一个关键因素,那么其他因素呢?短跑选手的成绩在顺风且风速不超过 2 米/秒的情况下是被认可的,许多世界纪录创造者利用了这一点。最值得质疑的短跑和跳跃类世界纪录是 1968 年在墨西哥城奥运会上打破的纪录,那时风速仪记录下的风速似乎经常为 2 米/秒。但博尔特打破纪录时并没有这样有利的风速。在柏林,他的 9.58 秒成绩仅仅受益于 0.9 米/秒的微风,而在北京时则无风,所以他在有利的风速条件下还能获益更多。多年前我就解决了风力影响百米赛时间的问题。在低海拔地区,2 米/秒的顺风状态相对于无风状态,时间缩短 0.11 秒,0.9 米/秒的顺风状态缩短 0.06 秒。因此,借助于最佳允许风速和反应时间,博尔特的柏林赛的纪录可从 9.58 秒提高到 9.48 秒,他的北京赛的纪录可变为 9.51 秒。最后,如果在像墨西哥城那样的高海拔地区比赛,他可能跑得更快,毫不费力地再减掉 0.07 秒。这样的话,他可以将他的 100 米跑的纪录提高到惊人的 9.4 秒,而且无须跑得更快[1]!

---

[1] 具有讽刺意味的是,博尔特在 2011 年大邱世锦赛上的反应有点太快了,被判抢跑而被取消了比赛资格。值得一提的是,他的队友布雷克(Yohan Blake)在博尔特缺席的情况下赢得 200 米冠军,跑出了 19.26 秒(风速为 0.7 米/秒)的成绩,只比博尔特的世界纪录慢 0.07 秒。更引人注目的是,布雷克的反应时间较长,达 0.269 秒,而博尔特 2009 年在柏林创造 19.19 秒世界纪录时的反应时间是 0.133 秒。由此我们看到,相对博尔特跑完 200 米所需 19.06 秒,布雷克为 18.99 秒。——原注

全能选手

　　人类常常很不合时宜地与动物王国的冠军比较:猎豹冲刺的速度超过高速公路上的限速,蚂蚁的载重可数倍于其体重,松鼠和猴子表演的空中体操可谓神奇壮举,海豹的游泳速度超过人类,猛禽徒手就能将空中的鸽子捕获……这很容易让人类感到信心不足。不过,我们真的不应该这样与动物比较,所有这些动物王国的明星都远远比不上令人印象深刻的人类运动员。动物明星们在某些特殊方面的表现非常优异,进化造就了它们的能力,使它们能够在一个非常特殊的生态环境里相对于它们的竞争对手而言占绝对优势。而我们人类则有很大的不同。我们可以游数千米,可以跑马拉松,可以在 10 秒内跑完百米,可以跳 2 米多高。而且我们还会翻跟头、投掷、骑马、划船,能够百步穿杨,骑自行车长达数百千米远,将远远超过体重的物品举过我们的头顶,我们武艺高强……我们很容易忘记,没有一种生物能和我们体能的多样性相媲美!我们是地球上最伟大的全能选手。

射箭运动员

射箭是奥运会一项激动人心的运动项目,但如果没有一副好的双筒望远镜,或由大屏监视器重播射箭过程,人们不那么容易看清正在发生的事情。射箭运动员对准 70 米外的圆形箭靶射出 72 箭。箭靶是一个直径为 122 厘米并且分成 10 个环的同心环,每个环宽 6.1 厘米。

如图所示,两个内圈是金色的,箭射在此区域得 10 分和 9 分,接下来外面的两圈是红色的,得 8 分和 7 分;之后外面的两圈是蓝色的,得 6 分和 5 分;再外面的两圈是黑色的,得 4 分和 3 分;最外面两圈是白色的,得 2 分和 1 分。如果你射中靶面的更外侧(或完全错过靶面)则得 0 分。这些彩色圆圈印在一个 125 厘米×125 厘米的纸张上,背面覆盖保护层以阻止箭头穿透。

世界上最好的射箭运动员是韩国女选手朴成贤,她在 2004 年雅典奥运会上赢得个人和团队 2 块金牌,72 箭得 682 分[①]。如果她所有的箭都射在 10 分和 9 分的区域内,我们可以计算出她是怎么取得这样的成绩的。如果她射 T 箭得 10 分,其他 $(72 - T)$ 箭得 9 分,我们知道 $10T + 9(72 - T) = 682$,则 $T = 34$,即有 34

---

① 这个纪录已经由韩国选手林东铉提高到 693 分。尤其令人关注的是,因为林东铉只有 20/200 的视力(严重视力障碍),所以是"合法"的盲人,他在比赛中可以佩戴特殊的眼镜或隐形眼镜。——原注

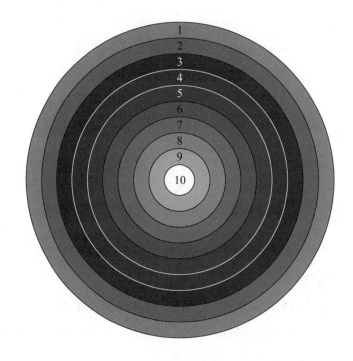

图 3.1

箭都得 10 分,而获得 9 分的箭数为 72 − 34 = 38。如果她射中的是 10 分、9 分和
8 分区域,你能够计算出她必须得到 35 个 10 分、36 个 9 分和 1 个 8 分。

　　射一箭得到一个特定得分的难度取决于射中的环形区域的面积。10 个圆环
的每一环的外半径(厘米)分别是 6.1,12.2,18.3,24.4,30.5,36.6,42.7,48.8,
54.9 和 61.0。因为圆的面积是 π(约为 3.1416)乘以半径的平方,我们可以通
过外圆面积减去内圆面积算出环形圈的面积。因此,举例来说,射箭得 9 分的环
形面积为 π(12.2² − 6.1²) = π × 6.1 × 18.3 = 350.7(平方厘米)。利用同样原理
我们能够很容易地计算出所有靶环面积,这里不再一一计算。现在,你一箭得到
某个特定分数的概率就是该特定靶环面积占整个靶区面积的比例。整个靶区面
积为 π × 61² = 11689.9(平方厘米),而随机射中 9 分靶区的概率为 9 分靶区的
面积除以整个靶区的面积,等于 350.7/11689.9 = 0.03,或 3%。如果将这些相

连的环面积相加,就能算出随机一箭射中其中任意一环的概率。有一个简单的模式:当射中的位置由内向外移动时,射中任一环的概率增加2%。最难的是中心环,被随机射中的概率只有1%(即0.01);最容易的是外环,被射中得1分的概率为19%。

如果我们将这些概率与相应的得分相乘后求平均,可以得到随机一箭的可能得分为3.85分。如果我们随机射出72箭,让72乘以这个分数,最接近的整数是277。正如你可能想到的,这个数值远远小于682分的世界纪录。如果你完全没有学过射箭技巧,随机射出72箭能够得到的分数就是277分(除非射中靶面的某些部位)。

在上面的计算中,我们假定射箭运动员总是能够射中箭靶得分区域,但他们有时并不能十分精准地射箭,因而最终射中的是125厘米×125厘米上的某一靶面位置。箭靶的面积是15625平方厘米,如果你射中的是箭靶上外环(半径61厘米)以外的区域,你的得分为0。在这种情况下,所有的概率和分数将因为乘上一个系数而降低,这个系数就是外环面积除以全靶面积,就是11689.9/15625,等于0.7482。因此,随机射出72箭,因射中得分区域而拿到的平均分将降为207.4分。

如果你想测试一下你的算术水平,你还可以利用相同的原理计算飞镖运动员的得分。你会得出,一名飞镖运动员随机的一镖得13分,3个飞镖共得39分。

平均的缺点

平均是一件有趣的事情。你可以去请教一名统计学家，他在一个平均深度为 3 厘米的湖里溺水身亡的可能性。我们对"平均"是如此熟悉，它看似非常简单，我们完全信任它。但我们应该这样吗？让我们假设有两支板球队，我们姑且称他们为安德森队和沃恩队（纯粹假设的名称），他们正在进行一场至关重要的对抗赛，结果将决定最终胜负。主办方设立了现金大奖，奖励比赛中的最佳投球和击球表现。安德森队和沃恩队不关心击球表现——除了在某种意义上，他们希望对手不如自己——他们都全力以赴希望赢得投球大奖。

安德森队在第一局开始后就有人出局，经过几轮对抗后以 3 人出局对 17 分结束，平均每一人出局对 5.67。然后安德森队击球，这时沃恩队投球，在一连串的出局后，沃恩队最终以 7 人出局对 40 分结束，平均每一人出局对 5.71。因此安德森队在第一局以 5.67 比 5.71 获得更好（即更低）的平均投球表现。

第二局开始时安德森队很占优势，但后来证明他们不适应低位击球比赛，7 人出局对 110 分，平均为 15.71。然后沃恩队在比赛的下一局对安德森队投球。沃恩队不如第一局打得好，3 人出局对 48 分，平均为 16。因此，安德森队在第二局里以 15.71 比 16 也获得较好的投球表现。

投球手	第一局分数	第一局平均	第二局分数	第二局平均	总分数	总平均
安德森队	3 对 17	5.67	7 对 110	15.71	10 对 127	12.7
沃恩队	7 对 40	5.71	3 对 48	16	10 对 88	8.8

那么哪一队应该以最佳分数获得本场最佳投球奖呢？赢家只有一个。安德森队在第一局和第二局里都取得了较好的平均分数，但主办方有不同的看法，他们着眼于整体的比赛数据。在两局比赛后，安德森队 10 人出局对 127 分，平均为 12.7；而沃恩队 10 人出局对 88 分，平均为 8.8。显然沃恩队的平均成绩较好，他们赢得了投球奖，尽管安德森队在第一局和第二局分别得到了较好的平均分。

弯道赛跑

　　你有没有想过,在田径比赛(比如 200 米赛跑)中,你必须在弯道上冲刺时,内道或外道哪个更好? 运动员们都有强烈的个人偏好。高大的选手发现,更弯曲的内道比相对缓和些的外道更难通过。当短跑运动员在室内的 200 米跑道上比赛时,这种情况更为明显——弯道更弯,赛道宽度从 1.2 米减到了 1 米。如此局限性常常使得抽到内道(资格赛中最慢)的运动员在决赛中被淘汰。在内道上几乎没有获胜的机会,而且有相当大的受伤风险,因此,200 米跑一般不大出现在室内赛事中。

　　那么弯道缓和些的外道情况会是怎样呢? 大多数运动员不喜欢外道,因为在比赛的前半程将看不到任何人(除非他们超过你)。谁都不希望在不了解别人步伐状态的情况下一个人低头闷跑。内道上有一个金属凸缘标明跑道内侧,尽量不去接近它,同样也不要接近漆成白色的标明其他赛道内侧的线。一般情况下,上一轮预选赛中最快的选手被安排在中间第二或第三根跑道上——这是一个明确的信号,表明这两根跑道对他们是有利的。运动员的体型也是一个影响因素。如果你身材高大,四肢修长,在内道上比赛将会很费劲,你不得不减小步伐或偏向外道以便跑得更加自如。另一个更重要的潜在影响因素是风向。如果风向与冲刺的直道成直角,运动员过弯道时风就直吹他们的面部,此时你会希望在外道上,这样你就是在弯道上起步,而不必像内道上的选手一样顶风跑很长时间(跑完整个弯道)。

最后,显而易见地,如果你跑在内道上,你需要更加努力。双弯曲的田径场上的跑道是半圆形的。内道的内圈线的半径是 36.5 米,每根跑道宽 1.22 米。因此,你所在的圆形半径越大,你跑步需要用的额外的力就越小,实际上也就是跑在一个环的内侧部分。第八跑道的半径是 $36.5 + (7 \times 1.22) = 45.04$(米)。一个质量为 m 的运动员在半径为 r 的圆形跑道上以速度 v 奔跑一圈时,需要克服的力为 mv^2/r,当 r 变大,即转弯不太急时,为保持速度 v 所需的力反而减小了。如果有两个相同的选手,一个在第一跑道,另一个在第八跑道,在 200 米比赛的前 100 米用同样的力,则第一跑道上的选手的速度将是第八跑道上选手速度的 0.9 倍,而后者所用的时间是前者的 0.9 倍。这是一个很重要的因素,如果跑 200 米用了 20 秒,则在前半部分比赛中第八跑道上的选手就少用了整整 1 秒。在实际中,跑在外侧跑道上的选手不存在这样大的系统优势,选手在弯道冲刺时只用了完成一个圆周运动所需的力的一部分。

如果这个简单的模型是完美无缺的,那么所有的 200 米选手都可以在外道上取得最好的成绩。实际上,大多数的世界纪录都是在第三和第四跑道上完成的。这个事实略显偏颇,因为在大型锦标赛上,预选赛中最快的选手在决赛时都会被安排在这两条跑道上。据推测,在内侧跑道上可以看到对手,据此判断自己相对于他们的速度,这种心理和据此做出战术调整而取得的优势,超过在缓和弯道上冲刺的体能优势。

比较直道和弯道 200 米跑的不同的世界纪录,可以很好地证明在弯道上跑 200 米所受到的影响。现在 200 米直道已经非常罕见了。牛津大学伊夫雷路原来是一条直跑道[班尼斯特(Roger Bannister)1954 年第一次在那里创造了 4 分钟内跑完一英里(1.61 千米)的纪录],1974 年我就读牛津大学时那条跑道还在,1977 年我毕业时已经被拆除了。当史密斯(Tommie Smith)1968 年在墨西哥城(高海拔地区)奥运会上创造弯道19.83秒的世界纪录时,他早已于1966年在加利福尼亚州圣何塞的煤渣直跑道上跑出了19.5秒[①]的成绩。这一纪录被盖伊在2010年伯明翰城市运动会上以19.41秒的成绩打破,65岁的史密斯目睹了这一过程。盖伊在弯道上的最快纪录是19.58秒。这些时间差异表明选手通过弯道时会明显减速。在200米的直道上跑,你可能会觉得很幸运,一路有风跟在你身后,然而,选手们在这么长的直道上冲刺时仍会感到迷惑:没有弯道作参考点,不知道其他选手的位置,该如何分配体力呢?

---

① 这是手工计时,一般比电子计时稍快百分之一秒。关于史密斯的直道200米跑还有另外一种有趣而微妙的计时方式。计时员距离起跑器很远,他必须通过观看发令枪中冒出的烟雾(不是听到声音,声音传播的速度较慢)来启动计时器。离开得越远,响应得就越慢,而结束记录时间就越快,这个效应估计对于200米跑来说加快了约0.14—0.24秒。现代比赛有全自动电动计时,顶级赛事中不再会出现这种手工计时效应了。——原注

平衡的问题

　　如果说有一个在几乎所有运动中都属于非常宝贵的属性,那这个属性就是平衡。无论你是平衡木体操运动员、高台跳水运动员、链球运动员、迂回突破对方防线的橄榄球前锋、摔跤手、试图放倒对手的柔道运动员,还是冲刺向前的击剑运动员,都与平衡相关。做一个小实验,看看你的平衡能力如何,并体会一下肌肉是如何控制平衡的。左脚在前右脚在后站立,然后用左脚的脚后跟去碰右脚的脚趾。你可以将重心移到前脚或后脚上,但双手必须放在身体两侧。你会发现要轻松地以这种姿势完全静止站立是非常困难的,你的小腿肌肉绷得紧紧的。如果你张开双臂,你会发现保持平衡容易些。现在试着将身体向一侧倾斜,你会发现还没倾斜多少就完全失去了平衡。如果你分开双脚,以正常姿势站立——而不是双脚一前一后站在一条直线上——你会发现这样更容易站稳,即使双臂放在身体两侧。这也是你一贯的站立姿势。最后,回到双脚一前一后站在一条直线上的有难度的姿势,然后慢慢蹲下身,你会发现,随着你越接近地面,平衡就变得越容易。

　　这些练习揭示了保持平衡的一些简单原则:

　　确保穿过你身体重心的垂线不超过你的脚所踩踏的地面。一旦超过,你将失去平衡。你可以自己尝试一下,如何保持身体挺直向一边倾斜而不摔倒。高

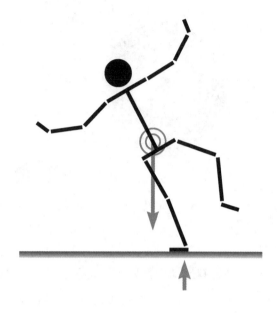

图 6.1

台跳水运动员经常利用这种不稳定性,开始跳水时他们身体前倾,直到重力作用使身体失去平衡。

尽可能地扩大支撑你的面积,使你的重心很难落到该区域之外。如果能够两脚站立就不要用一只脚,这会有所帮助。

保持尽可能低的重心。这就是为什么你经常会看到平衡木上的女体操运动员在旋转摆动时采取低蹲的姿势,可能只有一只脚在平衡木上而另一只脚悬在平衡木下——这大大降低了重心。如果跨坐在平衡木上,你会看到很容易就达到平衡了——你的重心已经低到不能再低了。

伸展你的身体,尽可能远离身体中心。也就是尽力将双臂向两侧伸展,从而改变身体质量的分布。当两臂伸展远离身体中心时,身体的惯性就增加了,也就是增强了不移动的趋势。以这种方式增加的惯性并不会使你停止摇摆,但它会让你摆动的速度变慢,从而使你有更多的时间去纠正动作,将重心根据需要向两侧或向下调整。这就是为什么走钢丝的人要拿着长杆——确保自己摇晃得慢些,赢得更多的时间来纠正危险的不平衡状态。如果没有这有用的长杆,在摩天大楼间走钢丝的人一旦在微风中摆动,就一定会掉下摔死。

在摔跤和柔道比赛中,选手们则是不断努力,以各种微妙的方式使对手失去平衡,或用力量迫使对手违反我们前面强调的保持平衡的原则。

什么人更适合
棒球、网球或板球

很多人穿着特殊的运动服,花大量的时间,痴迷于小球类抛物运动,如棒球、网球和板球。参与这类运动的人需要面临高速飞来的小球,他们必须在瞬间做出反应,要么躲开,要么巧妙地回击小球。这 3 项运动中哪一项需要最快的反应速度呢?

这 3 种情况中球的大小不同,并由不同的方式(如投手、网球拍或投球手)以不同的速度发出。棒球比较简单,球只在空气中飞行,而板球、网球会碰到地面,并因旋转而使反弹变化莫测。在所有 3 种情况中,球在空中能以多种方式改变方向,从而使接球手感到迷茫。让我们忽略这些因素,集中注意力,分析比赛时接球手应如何对飞来的小球迅速做出反应。

首先讲板球,板球场长 22 码(20.12 米)。投球手投出的球最高速度超过 161 千米/时,大约是 45 米/秒。为加快速度,投球手通常还会助跑很长一段距离,并在手臂伸直前把球投出去,否则投出的球将被判"坏球"。如果击球手站在三柱门前 1 米的地方,则在球到达他球棒前,他只有 19.12/45 = 0.42(秒)的反应时间。

相比之下,棒球投手没有助跑。他在现场用两个允许动作——"挥臂"或"伸臂"——之一来热身。相比于板球,棒球的投球手更加有力,他以投掷速度

取胜,当球投掷出去时,击球队员站在距其 18.44 米以外的地方。优秀投手能使球速达到 161 千米/时(45 米/秒)。不同于板球,棒球中允许投球手直臂投球。击球员的反应时间因此只有 18.44/45 = 0.41(秒),略少于板球击球手。

那么网球运动员呢?随着时间的推移,球拍技术的不断进步,发球越来越快,以至于在顶级网球赛事中,发球成了主要得分手段,而对打回合相对减少。赛事纪录表明,男子发球速度最快的纪录是 1931 年由蒂尔登(Bill Tilden)创造的 263.4 千米/时(73 米/秒)。我不知道这在当时是如何测量出来的。更可靠的纪录是 240 千米/时(67 米/秒),由鲁塞德斯基(Greg Rusedski)于 1998 年在印第安维尔斯创造的。女子的最快纪录是 204.5 千米/时(57 米/秒),由威廉姆斯(Venus Williams)在 1998 年创造。网球场的长度为 78 英尺(23.77 米),单打的宽度为 27 英尺(8.23 米)。如果发球者和接球者位于球场边缘的相对角落,则网球飞过的距离(假定球距地面高度不变)正好是一个直角三角形斜边的长度,直角边分别为 78 和 27 英尺。使用勾股定理,这个斜边的长度为 $\sqrt{78^2 + 27^2}$ 英尺,即 82.54 英尺,或 25.16 米。我们假定超级高飞发球的速度为 225.4 千米/时(62.6 米/秒),忽略球在发球区触地反弹后的任何损失,则接球者有大约 25.16/62.6 = 0.40(秒)时间做出反应。

我们对这 3 种情况做了粗略计算,最有趣的不是发现了棒球手的反应时间是否应该比第二快的网球或板球手快 1% 或 2% 秒;而是发现这 3 种不同的运动对于球员反应时间的要求有惊人的相似,差别只在百分之几秒。每一项运动都将人类的反应时间推进到极限。

贝叶斯统计观察

　　机会和概率在我们生活中起着重要作用。从法院关于婴儿猝死综合征与DNA 匹配的判决,到健康和安全风险,你都离不开它。现实中可能因为粗枝大叶或难以发现的细微差别而导致有争议的判决。"专家"证人在涉及生死的司法诉讼中的疏漏,导致重大误判的情况时有发生。国际体育界广泛存在博彩现象。错误的禁药检测结果可以断送运动员的职业生涯,夺走所有的锦标赛纪录和数百万美元的商业合同。因此,以无差错方式检测运动员是否服药是非常重要的。曾经有过因药检实验室的无能而终结运动员职业生涯的案例,1994 年 8 月莫道尔事件,导致英国田径联合会声名狼藉。

　　棒球是一个有趣的案例。主要球员涉嫌通过有步骤地服用类固醇来实现他们破纪录的壮举。美国棒球还没有建立一个随机进行药物检测和取消比赛资格的机制,但是不记名的检测结果显示出类固醇的使用达到了令人担忧的水平。科学家告诉我们,检测结果95% 准确。这是什么意思?

　　假设 1200 名运动员参加了药物检测。预计他们中的 60 人(即 5%)是类固醇使用者,而其他 1140 是"干净"的。在这 60 个骗子中,我们假设 95%,即 57 人被药检人员正确地检测了出来。但在 1140 个"干净"的选手中,有 57 人(这是 1140 人的 5%)由检测人员错误地记录为服药了。

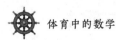

这是发人深省的统计数据。检测 1200 名运动员将会有 114 个阳性结果。当然,57 人服用禁药,而另外 57 人没有服用。因此,如果有一名运动员被检测出阳性,只有 50% 的概率保证他或她已经服用了禁药。

我们在这里描述的是一个非常重要的条件概率推理,1763 年由英国坦布里奇韦尔斯的牧师贝叶斯(Thomas Bayes)在一篇题为《使用概率分析方法解决问题》的文章中首先提出。贝叶斯揭示了运动员服用禁药检出概率和未被检出概率之间的关系。我们假设 E 事件为药物测试结果是阳性的,F 事件为一名运动员服用禁药,则:

$P(E)$ = 禁药检测结果为阳性的概率

$P(F)$ = 运动员是禁药服用者的概率

$P(E|F)$ = 服用禁药的运动员检测结果为阳性的概率

$P(F|E)$ = 如果检测结果是阳性的,他们曾服用禁药的概率

认识到 $P(E|F)$ 和 $P(F|E)$ 不同这一点非常重要。公诉律师在法庭上因试图哄骗陪审员认为它们是相同的而声名狼藉,这是一个被称为"检察官的谬论"的错误。

我们想知道的是 $P(F|E)$。在 1200 个运动员的例子中,我们知道,$P(F) = 0.05$,所以运动员没有服用禁药的概率是 $P(非\ F) = 0.95$,测试的准确率为 95%,即 $P(E|F) = 0.95$。我们看到 1200 人中有 57 个未服禁药的运动员被测出阳性(即 4.75%),所以 $P(E|非\ F) = 0.0475$。牧师贝叶斯表明所有这些数据通过一个简单的公式相关联:

$$P(F|E) = [P(E|F) \times P(F)] / [P(E|F) \times P(F) + P(E|非\ F) \times P(非\ F)]$$

在我们的例子中,表示为:

$$P(F|E) = (0.95 \times 0.05)/(0.95 \times 0.05 + 0.0475 \times 0.95)$$

$$= 0.513$$

因此,贝叶斯公式表明,$P(F|E)$ 与 $P(E|F)$ 是完全不同的。在我们的这个例子中 $P(F|E)$ 小得不能接受,所以需要更好的检测方法来更准确地区分服药的和未服药的运动员。

三局两胜

假设红队和蓝队之间进行足球比赛,红队踢进 1 球的概率为 P,则蓝队踢进 1 球的概率便是 $1-P$。如果比赛进球数是奇数,则红队赢得这场比赛的概率是多少?

如果只有 1 个进球,则红队赢的概率就是 P,即踢进这个球的概率。但如果有 3 个进球呢? 则红队进球(R)和蓝队进球(B)可能的序列和最终结果如下:

RRR 3—0　RBB 1—2

RRB 2—1　BRB 1—2

RBR 2—1　BBR 1—2

BRR 2—1　BBB 0—3

上述每一种结果发生的概率是将每一个进球发生的概率相乘得出。例如 RRB 的概率是 $(1-P) \times P \times P = (1-P)P^2$。

那么红队通过 3 个进球赢得比赛的概率是多少呢? 很简单,就是 4 种红队能够赢得比赛的概率的总和:RRR 的概率是 P^3,加上 RRB、RBR 和 BRR 的结果,它们每一个的概率都是 $P^2(1-P)$,则红队赢得 3 个进球的概率为:

$$P(R) = P^3 + 3P^2(1-P) = P^2(3-2P)$$

如果红队实力较强且更容易得分,即 $P = 2/3$ 的话,他们有机会赢得比赛的概率

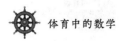

是 $P = 20/27$，只稍稍好过 $2/3$（$18/27$）。如果两队势均力敌，$P = 1/2 + s$，其中 s 是一个非常小的数，则 $P^2(3 - 2P)$ 大约是：

$$P(R) = 1/2 + 3s/2$$

如果 s 为 0，且两队有同等的得分机会，则 $P = 1/2$，两队都可能赢得 3 球的比赛。但是，如果 s 是一个正数，则会对红队产生一个很小的影响，红队攻入一球的可能性被放大 $3s/2$，他们赢得比赛的可能性更大。我们看到，他们有 3 个进球比只有 1 个进球更有可能赢得比赛。当然，这并不意味着红队一定会赢得这场比赛。有时较弱的球队也会赢，但从长远来看，比赛次数越多，强队获胜的机会就越大。

跳　高

　　田径比赛中有两个项目要求运动员的身体最大可能地高出地面,那就是跳高和撑杆跳。这类运动并不像听起来那么简单。运动员必须首先集中他们的力量和精神,克服地球引力将自己的身体推到空中。如果把跳高运动员视为一个质量为 M 以速度 v 做垂直向上运动的抛体,则他能够达到的最大高度 H 可由公式 $v^2 = 2gH$ 得到,其中 g 是重力加速度。运动员起跳时的动能为 $(1/2)Mv^2$,当运动达到最大高度 H 时,动能全部转化成势能 MgH,两者相等,则 $v^2 = 2gH$。

　　最棘手的一项是数值 H,它到底是什么呢? 它不是运动员跳过的高度,而是运动员重心达到的高度。这意味着一件相当微妙的事情:可能出现运动员身体已越过横杆,其重心却还在横杆下方的情况。

　　当一个物体形状弯曲如 L 形,它的重心就有可能位于主体之外。这种情形使得运动员能够控制他的重心位置和跳高时重心的轨迹,从而使自己的身体越过横杆而保持重心尽可能地在横杆以下。这样才能有效利用起跳的爆发力来增加跳起的高度 H。

　　过去你们在学校里学过简单的跳高技术,即所谓的"剪式"技术,显然它远非最佳。为了跳过横杆,你的重心以及整个身体都必须越过横杆。事实上,重心可能高于横杆 30 厘米以上,这样的越杆方式效果极差。优秀运动员会使用更精巧的技术。旧式的"俯卧式"跳高技术是跳高运动员胸部对着横杆一翻而过,这曾是世界

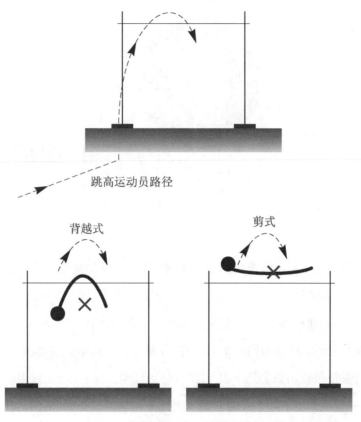

跳高运动员路径

背越式

剪式

重心位置用×表示

图 10.1

上最受欢迎的越杆技术。直到 1968 年,美国人福斯贝里(Dick Fosbury)引入了一种令所有人震惊的全新技术——"背越式跳高"——身体翻转向后越过横杆的方法,由此他赢得了 1968 年墨西哥城奥运会的跳高金牌。"背越式"比"俯卧式"更容易掌握,因而被所有优秀的跳高运动员采用。身体越灵活,就越能够围绕横杆弯曲身体从而使得重心更低。2004 年奥运会男子跳高冠军是来自瑞典的霍尔姆(Stefan Holm),尽管他的身材按照跳高运动员的标准来说显得相对矮小,但他能够极大程度地蜷曲自己的身体,在最高点时他的身体几乎成倒 U 形。他越过了 2.40 米高的横杆,而身体重心却远远低于这个高度。

正确的生日

　　成功的男女运动员都很优秀。在关键比赛中,成功与失败间的差异通常很小,任何一点点优势都有关键作用。大多数顶尖选手在他们还是学生时就开始接触某项运动,他们参加学校的各类活动和比赛,有的还加入校外俱乐部,代表所在地区甚至国家队参加同龄组的比赛,并取得了好成绩。在英国,学校同龄组的比赛通常按照校历以公历 9 月 1 日为起始日期。而在欧洲,或者一些国际竞赛项目,一般以公历 1 月 1 日为开始。无论采用何种日历,同龄组的比赛选手年龄差距可能高达 1 年。当同龄组选手的年龄跨度为两年时(15—17 岁或 17—19 岁),这个年龄差距加倍。对于发育和成熟度不同的青少年来说,这个年龄差别是有显著影响的。因此,出生在学年第一季度(9—12 月)的儿童比出生在以后几个季度中的儿童平均要高大强壮一些。凭借这个显而易见的优势,他们更可能进入校队,或作为苗子获得特殊的指导。与年轻的同学相比,他们更有可能在比赛中获胜。我们希望这种现象能够保持,因为这可以让那些青少年对运动保持兴趣并最终成长为专业运动员。几项对优秀男女运动员的生日研究已经明确显示,出生于学年第一季度的孩子受人青睐,这也清楚地揭示出成绩与生日的倾向性关系。

空中时间

大多数人认为,如果你要将一个抛体抛得尽可能远,你应该以与水平地面成45°角抛出。如果空气阻力不是主要影响因素的话,这几乎就是真理了。这里有一个实际的例子。如果你在板球比赛时防守边界或发球门球,你就要考虑如何实现最大射程。然而,有时你寄予期望的是时间而不是距离。比如橄榄球比赛时发球者从中场开球,他会把球踢得很高,让球能够在空中停留很长时间,以便他的队友们能够到达某些位置,在那里对手正等待着能够接住球。同样,一个"悬空高球"式的假动作会使进攻方有更多的时间压制对方的防守。足球运动员希望将弧形任意球或角球踢进球门区域,这样他们的队友会有更多的时间聚集到有威胁的进攻区域。

当你以速度v、与地面成θ角踢橄榄球时,它会沿抛物线轨迹飞行,在返回地面前,它的飞行距离为$R = (v^2/g) \times \sin(2\theta)$,其中$g$是重力加速度($g = 9.8$米/秒^2)。当$\sin(2\theta)$达到最大值1时,获得最大的飞行距离。假设你希望球最终落在一个特定的位置上,这意味着R有一个固定的值。

我们看到,有两种方法可以实现这一目标,因为$\sin A = \sin(180° - A)$,所以$\sin(2\theta) = \sin(180° - 2\theta)$,距离$R$对于发射角$\theta$和$90° - \theta$是一样的。例如,如果发球速度相同的话,一个以15°小发射角开出的球与一个以75°大发射角开出的球达到相同的射程,虽然高开球在空中停留的时间更长(如图中所示的两条轨迹)。

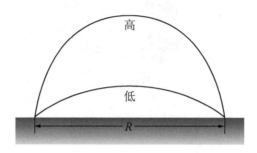

图 12.1

球经过射程 R 所需的时间由公式 $t = R/(V\cos\theta)$ 得出。因此不同踢法的两个球的飞行时间比为 $t(高)/t(低) = \cos(90° - \theta)/\cos(\theta)$,两个球达到的最高垂直高度为 $h(高)/h(低) = \tan^2(\theta)$。

我们看到,以 75°角高开的球与以 15°角踢出的球相比,在空中的停留时间前者为后者的 3.7 倍,上升的高度为 14 倍。

这些分析表明,抛体运动的简单几何路线可以让运动员获得更多的时间,比如保证队友有时间在球场上抢占到新位置,在防守队员不足时可以"拖延时间",或者仅仅是向对方队员炫耀,使其不得不接受一个从太阳(或泛光灯)处飞来的高球[①]。

---

① 这里我们忽略了一些重要的因素,尤其是风,而风明显会影响你的策略。高轨迹在侧风时会产生明显的横向偏差,使进攻方和防守方都无法预测其轨迹,而进攻方肯定会从中获益!——原注

皮 划 艇

皮艇和划艇在一些地区具有悠久的历史,皮艇这个词"kayak"来源于因纽特人的"qajaq"一词。实际上,划艇比赛是桨手单膝跪地,用单叶桨在一侧划行;而皮艇比赛则是桨手坐着,用双叶桨在艇两侧交替划行。划艇是开放的,但皮艇划桨手的衣服与艇身连在一起,形成防水水密,即使艇身倾覆后再翻回来,也能做到没有任何水进入艇内。

奥运会上我们看到的皮艇和划艇比赛是在 500 米或 1000 米直线线路上进行的,有 1 个、2 个或 4 个划桨手。用 C1、C2(划艇),K1、K2(皮艇)等来表示船的类型和划桨手的数量。不同于赛艇运动,皮划艇没有舵手,划桨手必须自行控制前进路线,因此所有人都面朝前进方向。

让我们看看北京奥运会上男子 500 米的冠军成绩,C1 的成绩为 1 分 47.140 秒,而 K1 则明显快得多,成绩是 1 分 37.252 秒。K2 和 C2 也是同样的趋势。事实上,女子皮艇成绩大大超过同样距离的男子划艇成绩。显然,双桨提高了划桨速度,而流线型的轮廓也使其在动力相同的情况下可以更快地滑过水面。

但是,较多的划桨手对于滑行速度来说到底是帮助还是阻碍呢?有两个划桨手的皮艇拥有两倍的"引擎"动力,但重量也几乎增加到原来的两倍。哪个是主导因素呢?

推动艇身前进所需的动力等于水对船体造成的摩擦阻力 D 乘以船在水中的速度 v。阻力取决于艇体与水之间的接触面积 A ($A \propto L^2$,其中 L 为艇体长度)及船通过水面的速度,所以:

$$需要的动力 = D \times v \propto L^2 v^2 \times v \propto L^2 v^3$$

现在,如果艇上有 N 个划桨手,艇的体积与 L^3 成正比,而 L^3 与队员的人数 N 成正比(更多的队员人数需要更大的船体),所以 $L \propto N^{1/3}$,则:

$$克服阻力需要的动力 \propto L^2 v^3 \propto N^{2/3} v^3$$

但是划桨手提供的动力与他们的人数成正比:

$$队员提供的动力 \propto N$$

因为克服阻力需要的动力是由划桨手提供的,所以 $v^3 N^{2/3} \propto N$。而我们知道,艇速随着划桨手人数的增加而变化的关系是[①]:$v \propto N^{1/9}$。

因此,额外队员增加的动力略大于体重的增加,但幅度不大。通过增加额外的队员(N)来增加动力非常缓慢。如果我们假定艇始终以一个恒定的速度行进(这不完全正确,尤其是长距离的比赛),那么我们预计的比赛时间是比赛的路程长度除以 v,所以比赛时间 T 随 N 的变化而变化的表达式为 $T \propto N^{-1/9}$。

这个简单规则正确吗?如果我们将两人赛的时间与一人赛的时间相比,将四人赛的时间与双人赛的时间相比,我们可以发现,每组比都约等于 2 的立方根,或 $2^{1/9} = 1.08$。对于男子 1000 米皮艇比赛,我们看到:

$$T(单人)/T(双人) = 206.32/191.81 = 1.08$$

$$T(双人)/T(四人) = 191.81/175.71 = 1.09$$

对于女子 500 米皮艇比赛,我们看到:

$$T(单人)/T(双人) = 110.67/101.31 = 1.09$$

---

① 这种趋势是无氧运动的特点,它适用于距离小于 400 米的场合。更长距离时用力变成有氧运动,由划桨手提供的动力将与他们的肌肉质量成正比,也就与他们的体重成正比,这样动力与体重的比、速度与队员的总体重无关。——原注

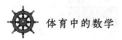

$$T(\text{双人})/T(\text{四人}) = 101.31/92.23 = 1.10$$

这跟使用简单模型得到的预测 $2^{1/9} = 1.08$ 非常吻合。尽管有风力、天气、桨叶及艇体设计等不同,决定比赛时间的主要因素显然就是我们所考虑的动力和阻力。

需要舵手吗

如果我们正在划船或参加赛艇比赛(不是皮划艇比赛),那么也可以应用前面章节所提到的原理。我们看到,在皮艇运动中,额外队员增加的动力克服了额外增加的重量以及额外阻力。但这是一个微弱的优势,艇速的增加只与划桨手数目的 1/9 次幂相关($v \propto N^{1/9}$),赛程减少的时间也与此相关。

有意思的是,赛艇与皮划艇的区别在于赛艇可以配置一名舵手,而皮划艇则没有。很明显,增加一名舵手对动力没有什么贡献,只是增加了重量和阻力,所以一个有舵手的四人队应该比一个没有舵手的四人队要慢。有舵手的优势是划桨手们不必担心偏转方向,可以完全专注于划桨,艇体不会忽左忽右,可以按照最短路径到达终点,从而节省宝贵的动力[1]。一名舵手同时还可发挥重要的指挥作用,鼓励桨手协调划桨频率。但是,舵手提供的这些贡献能大于船上由此增加的"净重量"吗?尽管通常情况下,这是一个很轻的重量。

如果我们看看 1980 年莫斯科奥运会男子有舵手和无舵手双人及四人赛艇比赛的成绩就会明显发现,舵手的指挥和激励并不能克服一个非划桨人员带来

---

[1] 奥运会比赛在直线河道上进行,因此舵手并没有很大的战术重要性,而牛津队与剑桥队在蜿蜒绵长的泰晤士河上比赛时,水流湍急,艇手对于路径和划桨速度必须做出许多选择。——原注

的负面影响:无舵手所用的时间总是比有舵手的更短。

划桨手人数	有舵手	无舵手	时间比 (有舵手/无舵手)
$N=2$	422.5 秒	408.0 秒	1.04
$N=4$	374.5 秒	368.2 秒	1.02

如果重复之前对动力和阻力所做的研究,分析额外增加一个人导致艇体大小和阻力增加、但没有产生动力的情况,我们发现,完成赛程所需的时间 T 与 N 个划桨者再加 1 个舵手的关系为:

$$T(\text{有舵手}) \propto (N+1)^{2/9}/N^{1/9}$$

其中,没有舵手的关系式为:

$$T(\text{无舵手}) \propto N^{1/9}$$

则它们的比值为:

$$T(\text{有舵手})/T(\text{无舵手}) = [(N+1)/N]^{2/9}$$

正如预期的那样,等式右侧的数值始终大于 1(因为 $N+1$ 比 N 大),所以相同距离的比赛,有舵手所花费的时间比无舵手所花费的时间要长。然而,当我们试图计算出比赛时间会慢多少时,必须很小心。我们一直假设所有的运动员(皮划艇赛中也一样)都是一样的体型尺寸。这对无舵手的皮划艇很适合,但它不适用于有舵手的情形。你希望你的舵手小巧玲珑,尽可能减少额外负载对于动力所造成的影响。一个更好的近似是假设舵手的体重是划桨手的一半。如果我们这样做,那么包括舵手在内的队员的总重量按 $N+1/2$ 计算,而不是在我们预估比赛时间的表达式中的 $N+1$,因此,一个更好的比较有舵手和无舵手赛艇比赛用时的表达式为:

$$T(\text{有舵手})/T(\text{无舵手}) = \{(N+1/2)/N\}^{2/9}$$

对于双人($N=2$)的情况,这个比值为 $(25/16)^{1/9}=1.05$,而对于四人情况,比值则为 $(81/64)^{1/9}=1.03$。这个结果与我们在 1980 年奥林匹克运动会上看到的结果非常接近(见前表)。

　　最后,奥运会史上最大的谜团之一就是关于舵手的。在 1900 年巴黎奥运会上,荷兰的双人单桨有舵手赛艇比赛中,运动员抛弃了他们原来的舵手,因为他们觉得他太重了。他们从观众席中挑选了一个 10 岁左右的法国小男孩来充当舵手。尽管新"舵手"缺乏经验,他们仍然赢得了金牌。然而在比赛结束后,这名小男孩在观众尚未认出他是谁之前就消失得无影无踪了。

卡 片

收集各类卡片的活动曾经风靡一时。卡片内容包括战时的飞机、动物、船舶和运动员。男孩们热衷于这类收集，通常他们从大量购买的泡泡糖、早餐麦片或袋泡茶的包装盒中找到要收集的卡片。就运动卡片来说——就像今天的帕尼尼贴纸一样——最受青睐的是足球卡片（在美国是棒球）。我一直怀疑所有玩家的卡片在数量上是一样的这个假设。不知怎的，似乎每个人都试图获得最后一张"查尔顿"卡片。全套卡片一共有 50 张，很多张都可以通过与朋友交换获得，但每个人都缺少这至关重要的最后一张——所以你得继续去买泡泡糖。

我发现自己的孩子也在做类似的收集。收藏的主题可能不同，但基本的想法是相同的。那么这与数学有什么关系呢？有趣的问题在这里：我们应该买多少张才能配成套呢？假设每张卡片的生产数量一样，你在下一次拆开包装时找到这张卡片的机会是均等的。

我无意中发现，运动卡片一套有 50 张，我得到的第一张卡片必定是我还没有，但是第二张卡片呢？我有 49/50 的机会得到一张新卡片，接下来将是 48/50 的机会得到新卡片，以此类推。在你获得了 40 张不同的卡片时，下一次获得一张新卡片的机会是 10/50。所以，平均下来你购买另外的 50/10 = 5 张卡片时，得到一张新卡片的机会要大于 50%。因此，如果你要获得全套 50 张卡片，平均来讲你需要购买的总卡片数是这50项的总和:(50/50 + 50/49 + 50/48 + … + 50/2 + 50/1),其中第一项确保你得到第一张卡片,后续的每一个项告诉你需要购买多少张才能得到全部50张中你所缺少的第二张、第三张……

提取公共因子50,则计算式为50(1 + 1/2 + 1/3 + … + 1/50)。括号中各项的总和就是著名的"调和级数"。当项目数变大时(50已经足够大了),它很接近0.58 + ln(50),又3.91是50的自然对数。因此,我们看到,为了收集成套卡片平均需要购买的卡片数大约为:

$$需要购买的卡片数 \approx 50 \times [0.58 + \ln(50)]$$

对于我的一套50张的运动卡片,答案是224.5。粗略估计平均需要购买225张卡片才能收集成套卡片。顺便说一下,我们的计算结果表明,收集后半部分的卡片比收集前半部分的卡片难得多。当收集一套卡片的一半25张时,你需要购买的卡片数是:(50/50) + (50/49) + (50/48) + … + 50/26),这是50乘以"调和级数"总和到50以及总和到26的差,所以:

$$集满半套需要的卡片数 \approx 50 \times [\ln(50) + 0.58 - \ln(25) - 0.58]$$

$$= 50\ln(2) = 0.7 \times 50 = 35$$

也就是说要得到一套50张卡片中的25张,只需要购买35张。这意味着我需要购买约225 - 35 = 190张卡片来收集成套卡片后面的25张卡片。

我不知道厂商是否做过这样的计算,想必他们应该计算过,因为他们在销售一套特定数量的卡片之初,就已经清楚从你那里能够获得的最大利润是多少。从长远来看,这只是一个可能的最大利润,因为收藏者会交换卡片以获得所需的新卡片而不是继续购买新卡片。朋友间进行交换的结果是什么呢?假设你有F个朋友,你们都合伙收集卡片以达到$F + 1$套,这样你们每人有一套卡片。你需要购买多少张卡片呢?平均而言,对于50张一套的卡片来说,如果你们共享卡片,答案是:

$$50 \times [\ln(50) + F\ln(\ln 50) + 0.58]$$

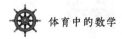

另一方面,如果你们每人收集一套而没有进行交换,你们需要大约 $(F+1) \times 50[\ln(50)+0.58]$ 张卡片来收集完整的 $F+1$ 套。交换后节约的卡片数目是 $156F$。即使 $F=1$,也已相当经济了。

车轮飞转

为了提高体育比赛成绩,人们通常使用技术含量很高的专业装备,在很多情况下,甚至不惜让运动员在每个赛季都购买一套最新装备。自行车比赛是工程师们最熟悉的挑战之一,我们看到,为了将比赛成绩提高百分之一秒,比赛中已引入了紧身衣、新式车把和盘式车轮。

一个有趣的问题是,你是否可以通过减轻车轮或自行车架的重量而得到更大的优势呢?为了使自行车转动起来,骑车人必须提供的动能为$(1/2)Mv^2$,其中前进速度为v,自行车架、骑车人及车轮的总质量为M。另外骑车人还必须提供$(1/2)I\omega^2$转动能量驱使车轮转动,其中ω是车轮转动的角速度,而$v=r\omega$,其中r是车轮半径,I是车轮转动惯量。(我们假定两个轮子的转动惯量是一样的,为简单起见,假设车轮不打滑。)这个式子告诉我们移动车轮有多难。如果质量从车轮中心向外分布,转动惯量变得更大。转动惯量总是与质量m和车轮半径的平方成正比的,所以$I=bmr^2$。如果所有的质量都集中在车轮的外圈(忽略辐条,它们相比车轮的其他部分是非常轻的),则$b=1$;如果车轮是实心圆盘,则$b=1/2$。

因此,骑车人驱使①自行车架、车手自身及两个车轮以速度v移动并使两个

---

① 骑车人也需要提供能量来克服空气阻力和车轮与路面的摩擦力。——原注

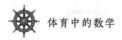

车轮转动所需的总能量是[①]：

$$总能量 = (1/2)(2m + m_{车架})v^2 + 2 \times (1/2)I\omega^2$$

因为 $I = bmr^2, v/r = \omega$，我们得到：

$$总能量 = (1/2)v^2[m_{车架} + 2(1+b)m]$$

所以对于传统圆环形车轮，$b = 1$，骑车手驱动车轮前进消耗的能量与 4 倍车轮质量成正比；对于圆盘式车轮，$b = 1/2$，则能量消耗与 3 倍车轮质量成正比。有趣的是，车轮的半径在公式中最后抵消了，较小的车轮并没有太多的优势，除非它的质量更轻。显然，如果你想使用新材料来减轻自行车质量，倒不如先考虑减少每个车轮的质量，因为这样做可以达到在车架上减少相同质量的 3 倍或 4 倍的效果。

---

① 总质量 $M = m_{车架} + 2m$，其中 $m_{车架}$ 是自行车架和骑车人的质量。我们忽略了驱动自行车脚踏板旋转的能量，但是脚踏板传动装置的转动圈与车轮半径相比很小，脚踏板的速度大约只有车轮速度的 1/5，因此在速度 v 时，使脚踏板旋转所需要的能量只有转动车轮所需能量的 1/25，可以忽略不计。——原注

计 分 系 统

十项全能是为期两天包括 10 个田径项目的赛事,也是对运动员体能要求最高的赛事。第一天进行 100 米跑、跳远、铅球、跳高、400 米跑等 5 项比赛,第二天选手们面临的是 110 米栏、铁饼、标枪、撑杆跳高和最后的 1500 米跑比赛。为了组合这些差别各异的赛事——时间和距离——的比赛成绩,人们已经成功开发了一个计分系统,每一项成绩可换算成一个预定的分数,通过累加一个个赛事分数,10 项赛事后得分最高的选手就是获胜者。女子七项全能(100 米栏、跳高、射击、200 米跑、跳远、标枪和 800 米跑)的运作方式完全相同,但少了 3 个项目。

十项全能比赛最引人注目的一点是,给出不同项目得分的记分表设计得相当随意。它最早在 1912 年被设计出来,后来不时被更改。汤普森(Daley Thompson)赢得了 1984 年奥运会十项全能冠军,但以一分之差没有打破世界纪录。随后几年得分表的修正增加了他的得分,他成为可追溯的新世界纪录创造者。当前的世界纪录 9026 分是由捷克共和国的谢布尔勒(Roman Sebrle)在 2001 年创造的[①]。如果运动员在每一个单项赛事上都打破了世界纪录,他的得分将达到

---

① 令人惊讶的是,兹梅里克(Robert Zmelik)创造了在不到 60 分钟时间内完成十项全能的世界纪录 7897 分。——原注

12500 分。有史以来十项全能每项赛事最高纪录的总和为 10485 分。计分表于 1912 年设计出来时,每项赛事的世界纪录为(大约)1000 分。随着世界纪录的不断刷新,现在,飞人博尔特 100 米 9.58 秒的世界纪录将在十项全能计分表里获得 1202 分,而十项全能中最快的百米纪录"只有"10.22 秒,对应 1042 分。目前十项全能中得分最高的世界纪录是由舒尔茨(Jürgen Schult)创造的铁饼纪录 74.08 米,计 1383 分。

所有这一切都暗示了一些重要的问题。如果改变计分表会发生什么情况呢?哪些比赛项目能够通过训练而得到最大的得分回报呢?什么样的运动员会在十项全能赛事中做得最好——是赛跑运动员,还是投掷运动员或跳跃运动员?

计分表已经发展了相当长的一段时间,其设置十分注重世界纪录、夺标热门选手的水准以及十项全能项目的历史成绩。然而,它最终是由人决定的,对于相同的成绩,如果做出了不同的选择,就会得到不同的结果。2001 年国际田径联合会(简称"国际田联")的评分表由以下简单的数学表达式构成:

每个径赛项目的得分(为避免出现小数,四舍五入到最接近的整数)——所用时间越短,得分越高——由下面的表达式得出:

$$径赛得分 = A \times (B - T)^C$$

其中 T 是运动员在径赛项目中的时间;A、B 和 C 是针对每个竞赛项目设定的数字,目的是公平地校准得分。数字 B 是及格时间,比赛成绩等于或超过这个时间将得 0 分,所以 T 总是小于 B。同样,对于跳跃和投掷等田赛项目——距离 D 越远得分越高——每个项目的得分公式如下:

$$田赛得分 = A \times (D - B)^C$$

对于 10 种不同的比赛,数字 A,B 和 C 也不同,如表 17.1 所示。如果距离成绩小于或等于 B,或时间成绩等于或大于 B,则均得 0 分。其中距离以米为单位,而时间以秒为单位。

表 17.1

赛事	A	B	C
100 米跑	35.434 7	18.0	1.81
跳远	0.143 54	220.0	1.4
铅球	51.39	1.5	1.05
跳高	0.846 5	75.0	1.42
400 米跑	1.537 75	82.0	1.81
110 米跨栏	5.743 52	28.5	1.92
铁饼	12.91	4.0	1.1
撑杆跳	0.279 7	100.0	1.35
标枪	10.14	7.0	1.08
1500 米跑	0.037 68	480.0	1.85

　　为了发现十项全能中哪个比赛项目是"最容易"得分的,请仔细看看表 17.2,它揭示了如果要在每个单项中都得到 900 分使总分达 9000 分,你必须在各项比赛中达到什么样的成绩。

表 17.2

赛事	900 分
100 米跑	10.83 秒
跳远	7.36 米
铅球	16.79 米
跳高	2.1 米
400 米跑	48.19 秒
110 米跨栏	14.59 秒
铁饼	51.4 米
撑杆跳	4.96 米
标枪	79.67 米
1500 米跑	247.42 秒(4 分 7.42 秒)

十项全能表达式里有一个有趣的模式。指数 C 对于径赛大约为 1.8（跨栏 1.9），对于跳远和撑杆跳等接近 1.4，对于投掷接近 1.1。事实上，$C>1$ 表明计分系统是"渐进"的，当你的成绩更好时，更难得分。这就是现实。如此我们知道，你在某个赛项上的成绩越拔尖，就越难提高该项的分数。相反初学者却可以很容易地获得较高的分数。"递减"的计分系统中 $C<1$，而在"中性"的计分系统中则 $C=1$。国际田联的评分标准对于径赛来讲是极端激进的，对跳远和撑杆跳等则比较激进，而对投掷则几乎是"中性"的。

我们感受一下十项全能总分的构成吧，下图显示了历史上男子十项全能百强选手在 10 个单项中的平均得分：

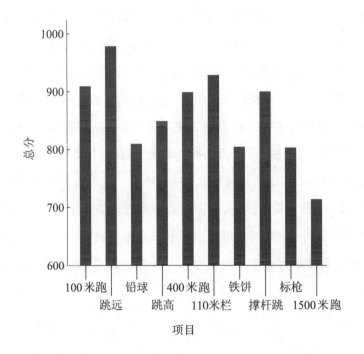

图 17.1

很明显，得分偏向跳远、110 米栏和短跑（100 米和 400 米）。这些赛事都与高速冲刺相关。相反，1500 米跑和 3 个投掷项目得分都远远落后于其他项目。

如果你想训练出一个成功的十项全能选手,那么就从一个强壮有力的冲刺型跨栏运动员开始吧!然后再针对投掷项目进行强化训练,提高力量和技术实力。没有一个十项全能运动员会煞费苦心地练习 1500 米跑,只要做些一般的长跑训练就够了。

显然,改变计分系统的计分方式将会对赛事产生影响。现有的计分方式很大程度上是参考十项全能运动员(近期)的历史总分成绩,而不是每个项目中顶尖选手的单项成绩。十项全能运动员的顶尖成绩又进一步扩大了记分表中的偏差,而他们正是因为目前的记分标准获得成功的。根据物理原理,我们可以试着考虑一个简单的改变。在每项赛事里,无论是短跑、投掷和跳跃——1500 米跑可能是个例外——运动员爆发的动能才是最重要的,而这取决于其速度的平方。跳高或撑杆跳能达到的高度,跳远跳出的水平距离,都与运动员启动速度的平方成正比。由于恒速跑的时间正比于(距离/时间)的平方,这意味着所有比赛项目我们都选择 $C=2$。如果我们这样做了,并选择恰当的 A 和 B 的值,我们会看到这个项目前 10 名排名发生的有趣变化。谢布尔勒新的得分是 9318,变成第二名,而现在的第二名德沃夏克(Tomas Dvorak)以新的世界纪录 9468 分取代谢布尔勒成为第一名。其他排名也发生了一些改变。这种改变非常有趣,对所有的赛事选择 $C=2$ 是非常激进的,它倾向有杰出表现的竞争型选手。而目前的 $C=1.1$ 则非常有利于优秀的投掷手而不利于短跑、跨栏选手。这说明,选择任何形式的计分系统都有难度——总存在一个主观因素,影响人们做出不同的选择。

跳　水

　　跳水是奥运会游泳比赛项目的一部分,被尴尬地归类于水上运动,但它是发生在空中的运动,比游泳或水球更接近体操或蹦床运动。

　　跳水比赛有两种:从高于水面 10 米的固定平台上起跳的高台跳水,和从高于水面 3 米的跳板上起跳的跳水。高台跳水的概念很简单,跳水运动员以站立、助跑或倒立的姿势开跳,他们的重心大约高于跳台 1.2 米(高于水面 11.2 米)。忽略所有的空翻和转体,身体在重力的作用下下降的距离为 S,$S = (1/2)gt^2$,其中 g 为重力加速度($g = 9.8$ 米/秒^2)。身高 1.8 米的运动员头向下、手臂伸展入水时,身体重心离指尖约 1.2 米,此刻身体已经下降了大约 10 米。把它代入上述公式,我们看到运动员在空中的时间为 1.4 秒。跳水运动员必须在这个时间里完成一系列空翻、转体动作来打动评委,同时身体以约 14 米/秒的速度冲击水面,除非使身体以流线型入水以减小身体与水的碰撞,否则那种撞击水面的感觉可想而知。入水时,光滑、细长的体型能够劈开水面保护运动员的身体。相反,粗暴地入水或腹部拍水,那么,哎哟! 身体就如同撞击了比水还坚硬的东西。

　　假设你要在空中完成三个半空翻,就需要在 1.4 秒中转 3.5 圈,即 2.5 圈/秒。身体转速达到每分钟 150 圈,简直可以与 CD 播放机中 CD 盘外缘的转速(每分钟 200 圈)相媲美了。一圈是 2π 弧度,因此,要完成空翻的角速度为 $5\pi = 15.7$

弧度/秒。

　　跳板跳水则完全不同。跳板高于水面 3 米,跳水运动员利用跳板的弹性能量向上起跳,但不是垂直向上,否则在落下时会撞到跳板。运动员一般沿偏离垂直方向约5°起跳。当起跳的垂直速度在 6 米/秒左右时,运动员身体的重心将沿抛物线轨迹运动,到达泳池上方约 6 米的最高点。整个过程运动员约需 1.8 秒的空中时间来完成必要的体操动作——注意这超过了高台跳水运动员的 1.4 秒。虽然跳水运动员比高台跳水运动员距水面近了 7 米,但减速向上的轨迹为运动员换得了更多的时间。这也揭示出这两个项目确实是不同的。

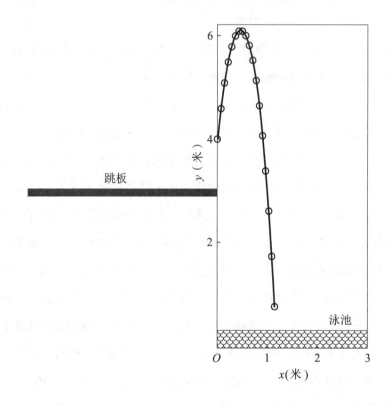

图 18.1

当跳水运动员完成了空翻和转体动作后,他们需要让身体尽可能垂直地插入水面,并且尽可能没有旋转,这样才能平滑地入水,实现无水花飞溅,这也正是评委们所希望看到的。做到这一点需要谨慎地把握时机和数百小时的练习。当跳水运动员完成转体和空翻动作时,他们根据泳池中的涟漪判断水面位置。然后通过做相反的动作减少旋转——滑冰运动员这样做则是为了旋转得更快。在自旋中,转动惯量与旋转的角速度成反比,所以减少转动惯量可加快旋转。滑冰运动员的转动惯量等于他们的身体质量乘以半径的平方。运动员自旋过程中收紧手臂,就可以通过控制两个因素之一——半径来减少一半的旋转惯量,从而使自旋角速度增大到约 20 弧度/秒或 3 圈/秒。

跳水运动员在做空翻动作时,通过紧紧蜷曲自己的身体来减小半径和转动惯量,从而自旋得更快。但是在跳水的最后阶段,运动员身体完全伸直,长度加倍,转动惯量增加了 4 倍,角速度也相应减少为原来的四分之一。精准地伸直身体,运动员就能在入水时消除自旋,完成一连串的跳水动作。

最刺激的运动项目

什么人在从事最刺激的人类活动？宇航员、战斗机驾驶员、一级方程式赛车手、自由落体跳伞运动员、阿卡普尔科的悬崖跳水爱好者还是雪橇司机？这样的例子不胜枚举，但我认为只有一种候选人能胜过上述所有人——短程高速直道赛车手。你不会在奥运会上看到他们，要看到他们，你必须常去那些废弃的飞机场或荒僻的晒盐场。短程高速直道赛车就像带轮子的火箭，比赛从静止开始以4.5秒跑完四分之一英里（大约400米）的路程，加速度比美国宇航局（NASA）发射火箭的加速度还要快，最高速度能达到530千米/时以上。如果一辆一级方程式赛车以最高速度经过一辆静止的短程高速直道赛车，那么后者从静止开始追赶，到达终点时依然会赢。短程高速直道赛车手所经历的加速度和减速度达到 $6g$（$g = 9.8$ 米/秒^2）——当减速伞打开以使车速慢下来时，减速度更大——此时选手们面临的一个严重问题是可能视网膜脱落。噪声过高，对观众、技术人员和选手也是很危险的，因此一套良好的听力保护装置也是非常必要的。

短程高速直道赛车运动很有趣，因为速度瞬间加快，轰鸣声中，发动机消耗大量燃油以恒定功率驱动汽车向前奔驰。功率等于力乘以速度，或（$m\mathrm{d}v/\mathrm{d}t$）× v，我们忽略燃油消耗造成的质量变化，则 v 是汽车的速度，而 m 是它的质量。如果我们设功率是恒定值 P，我们发现在时间 t 时，速度 $v^2 = 2Pt/m$，汽车从静止开始加速,开始时 $t=0$,行驶距离 $x=(8P/9)^{3/2}t^{3/2}$[①]。这些公式表明,行驶一定距离 x 后的速度将是 $v=(3Px/m)^{1/3}$。这条经验法则在短程高速直道比赛中被称为"亨廷顿规则",是以工程师亨廷顿(Roger Huntington)命名的——用简单的力学原理就可以很容易地证明它。计算短程高速直道赛车速度时使用老式的(非公制的,但更方便)功率单位马力,速度单位为英里/时,车的质量单位为磅。"亨廷顿规则"表明,速度等于 K 乘以(功率/质量)$^{1/3}$。在这个简单的表达式中 K 等于270,但对汽车进行实际测量时,发现该值约为225。尽管我们用的模型很简单,但结果差别不大[②]。

我们的计算结果还表明,短程高速直道赛车的加速度与所用时间的平方根和四分之一路程的立方根相关。

---

① $P=(mdv/dt)\times v=(1/2)dv^2/dt$,所以如果 $t=0$ 时,$v=0$。要得到在 t 时间里汽车行驶的距离 x,用 $v=dx/dt$,所以 $x=(8P/9)^{3/2}t^{3/2}$。——原注
② 我们忽略了开始阶段的滚动。——原注

打 滑

湿滑的场地对于运动员来说暗藏危险,可能对他们造成意想不到的结果和不必要的伤害。摩擦力广泛存在于众多体育运动中,因此运动员、制鞋商及相关设备制造商正确了解摩擦作用是至关重要的。让我们举一些例子吧。铁饼运动员必须在一个平滑的水泥地面上自旋,因此地面平整度必须恰当,否则运动员投掷时会打滑或转动过慢。足球运动员和橄榄球运动员必须在草坪上做出突然转向或紧急加速的动作,草坪潮湿还是干燥,会使运动员的表现截然不同。标枪运动员必须计算好助跑时间,以确保标枪投出后自己能急停。跳高运动员需要将起跳脚牢牢地固定在起跳区,不能有任何滑动,否则将导致严重的伤害[1]。摔跤运动员主要依靠脚和地面间的摩擦力推挤对方,守住底盘。

如果你把脚放在地面上,试着向后推来使自己向前移动(这通常称为"行走"或"奔跑"),这时摩擦力是必需的。摩擦力之所以能产生,是因为你的鞋和地面接触,产生了一定的相互作用;如果你的鞋与地面分开,这些作用将不复存在。有时我们看到足球比赛中运动员的韧带严重拉伤,是因为他们球鞋上的鞋钉钉在了草坪里,而腿仍然往前所致。有一段时间,新韦伯利球场似乎特别容易

---

[1] 标枪运动员和跳高运动员穿着鞋底有尖刺的运动鞋以防打滑。——原注

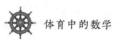

使运动员韧带受伤,在那里参加杯赛和关键国际比赛的橄榄球运动员和足球运动员叫苦连天。对摩擦力进一步的理解是摩擦力会使运动员更容易感到疲劳。穿轮滑鞋的滚轴冰球比冰球更容易疲劳,因为旱冰鞋更难加速。

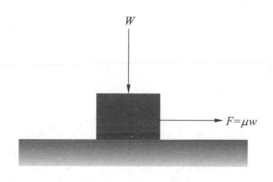

图 20.1

　　摩擦力与运动前进的方向相反,鞋底和地面之间的作用力与你施加给地面的垂直力——你的体重 W 成正比[①]。随着体重的增加,两个物体的表面被挤压得更紧密,它们之间的作用力变得更强。比例因子(摩擦系数)μ 考虑了两个物体表面的固有性质:钢制冰刀在冰面上比轮滑鞋的橡胶轮在水泥地面上更顺滑。对于大多数干燥的物料来说,摩擦系数在 0.3—0.6 之间,摩擦系数最小值是 0.04(即大家熟悉的不粘锅材料特氟龙),最大值介于 1—2 之间,以硅胶为代表。可以这样估计,皮底或胶底运动鞋在干燥草皮球场上的摩擦系数约为 0.3,在潮湿草皮球场上则可能会减小到约 0.2,如果是冰面上则会更小。

　　在干燥的表面上意味着如果你向后方施加一个小于体重三分之一的力,你的身体会向前,因为此时你的脚仍牢牢地抓住地面,所以可以推动身体向前移动。如果你施的力大于体重的三分之一,即大于鞋底和球场草皮之间的摩擦力

[①]　与运动方向相反的摩擦力为 μW,其中 W 为身体的重量,μ 为静摩擦系数。静摩擦力与两个表面相互接触的面积无关。——原注

时,脚抓不住地面,身体将会滑倒。这就出现了如何可以跑得更快而不打滑的问题。在现实中,运动员会穿上特制的带有鞋钉或波纹鞋底的运动鞋,增加对地面的抓力,确保运动员在滑倒之前,获得更大的推动力而前行。

性别研究

　　奥运会上只有两项赛事是允许男女运动员同场比赛的。一项是马术,另一项是不那么广为人知的帆船比赛。以前射击项目男女均可参加,但在1984年洛杉矶奥运会上开始分开比赛了。奥运史上第一位女性冠军是英国的网球选手、5次温布尔登网球公开赛冠军库珀(Charlotte Cooper),她在1900年7月11日赢得了单打决赛,继而又与多尔蒂(Reginald Doherty)赢得混合双打冠军。那年的1077名选手中只有11名女性,而1904年的圣路易斯奥运会只有6名女性选手参加。

　　1900年首次进入现代奥运会的马术比赛和我们今天所看到的不同,当时包括马跳高、马跳远(获胜者成绩为6.1米)及盛装舞步3项赛事。在马跳高比赛中,两匹马并列第一名,成绩为1.9米,其中一匹马还在跳远比赛中获得第四名。障碍赛出现在1912年。只有在自己国家军队里服役的军官才有资格参加盛装舞步比赛,而且必须穿着制服。1948年奥运会上瑞典队获团体金牌,但获奖者在8个月后被取消资格,因为他们团队中的一名成员并非如申报的那样是一名军官。这个奇怪的限制在1952年被取消,女性和平民被允许参加盛装舞步比赛——尽管他们早在1912年就被允许参加障碍赛,而服役的骑兵和战马则被排除在该项赛事之外。1952年起男女运动员允许同场竞争,参加马术三日赛,这项赛事被誉为最严苛的比赛,也称为马的“铁人三项”。直到1964年,杜邦

（Helena du Pont）才作为第一名参赛的女子选手入选美国队参加比赛。今天，所有的奥运马术比赛项目男女均可参加，也允许在团体比赛中任意组合。马术比赛也是奥运会中唯一一项人类和动物一起参与的赛事。

马术比赛最初完全被男性骑手统治，但1968年以后的各届奥运会上，女选手开始在盛装舞步比赛中获得金牌、银牌或铜牌。障碍赛中女性鲜有夺冠，最多拿到银牌或铜牌。在马术三日赛中，1984年之后已经有女选手在所有的比赛项目中获奖牌。一般认为，男选手在盛装舞步比赛中没有什么体能优势，但局外人也许不知道，在障碍赛和马术三日赛中，男女选手之间也没有明显的差别。尽管比赛需要体能和力量，但更重要的是操控马匹的技能，控制马匹跳跃障碍的热情及积极性。一个真实的例子是，一名67岁的日本选手参加了北京奥运会上的比赛（他曾参加1964年的东京奥运会），表明马术运动与奥运会的其他赛事有所不同。

帆船运动是另一项允许男女同场竞技的比赛。2004年雅典奥运会上，共有4项男子比赛、4项女子比赛和3项混合赛（激光级、49人级和托纳多级），但没有女子获得过3项混合赛的奖牌。在北京奥运会上只有一名女性参赛，但没有获得奖牌，北京奥运会上的3项混合赛是芬兰人级（安斯利获胜）、49人级和托纳多级。2012年伦敦奥运会的赛事日程安排有6项男子帆船类赛事和4项女子（包括一项新的）赛事，不再有男女均可参加的混合类项目，目的也许是促进更多的女性参与。

射击项目似乎是男女混合比赛的一个当然候选者，事实上，直到1984年，引进明确的女子项目之后，所有的射击项目才是男女均可参加——如果没有专门的女性比赛项目，女性仍然可以与男性竞争。只有两位女选手在这些混合比赛中赢得奖牌：中国的张山在1992年巴塞罗那奥运会上夺得了双向飞碟金牌——此赛事后来成为男子比赛，面对男选手，她无法继续捍卫自己的冠军宝座；默多克（Margaret Murdock）（美国军官，当时比赛中唯一的女性）在1976年50米气步

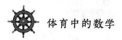

枪比赛中获得银牌。

奥运会射击比赛已经有一段历史。1900 年的巴黎奥运会上,射击靶子竟然是活鸽!其目的是让选手尽可能多次射击,错过两次则被淘汰。比赛中有 300 多只鸽子被射杀。在后来的比赛中,活鸽被我们今天所看到的陶土飞碟所替代。

场地维护中的
物理学

体育场地需要小心维护。事实上,这一要求已经使许多体育项目从学校中消失了。维护一个安全的板球草坪、草皮(或煤渣)跑道或者草皮曲棍球场地的成本非常之高,阿斯特罗夫特尼龙草皮或其他人工场地的应用,降低了日常维护的成本,但原始资金投入很大。草地球场非常依赖天气情况,特别是阳光和雨水。太多的阳光会使地面变得干燥和坚硬,太多的雨水则会使地面变得泥泞并容易损坏。间隔多久你就需要给草地球场浇水? 草坪上洒的水(或雨水)蒸发得有多快呢?

平均而言,太阳光照射地球表面的光通量约为 $R = 1.366$ 瓦/米^2,有多少被吸收并加热地表使水蒸气蒸发,取决于光照表面的类型。刚下过雪的地表会反射90%的入射光,而在草地运动场上,只有约25%的太阳能被反射回空中,因此,$0.75R$ 的光能被吸收并从草坪表面蒸发掉。假设阳光落在一个面积为 A 的区域,水的汽化热是 L(这是使水变为蒸汽而温度没有提高时所需的能量),如果水在面积为 A 的表面的蒸发率保持在 d 米/秒,那么必须满足:

$$0.75 \times R \times A = L \times 每秒蒸发的水的质量$$

如果水的密度是 ρ,则每秒损失的水的质量就是 ρAd,由此我们可以看出,如果选择的面积还是 A,那么等式两边的 A 就抵消了。这是有道理的,阳光无处不

在,球场的大小并不重要(有部分顶棚遮盖或有高低的体育场馆则不同)。结果告诉我们,蒸发造成的地表水的水平下降率 $d = 3R/(4\rho L)$。

气象学家告诉我们,R 一般为 1.366 瓦/米^2,水的密度为 1000 千克/米^3,测量到的水的汽化热(学校科学教科书定义)为 $L = 2.5 \times 10^6$ 焦/千克,由此可以计算出每秒的蒸发率。这是一个非常小的数,乘以 10 小时的秒数($60 \times 60 \times 10$ 秒),也就是夏季艳阳高照的时间,我们就得到了日蒸发率。你会发现水在以每天 $d = 1.5$ 厘米的速度蒸发。

这个结果是近似估算,像通常一样做了很多简化。草坪质量的变化,土壤排水的差异,人工草坪和天然草坪的混合搭配(如同大多数的专业足球场一样),风力和云量等,都会对蒸发率造成显著的影响。但我们的估计可以帮助你决定多长时间对你的花园以及足球场浇一次水。此外,清晨 4 点是浇水的最佳时间!

有升必有降

如果你坐过过山车,你能体会到,当过山车滑到最低点时身体所承受的力量最强。因为这时身体受到的向下的力是身体重力与过山车做近似圆周运动时产生的向下离心惯性力的叠加[①]。类似的情况也发生在男子体操比赛的单杠项目中。当体操运动员在单杠上做大回环时,他必须握紧单杠保持手臂充分伸展,身体完成一个完整的圆周旋转。单杠只进行男子比赛,女子使用高低杠(有时也称为"非对称"杠)来完成不同类别的快速联动。然而,女子可以在其中一根杠上完成一个大回环作为她们的常规表演。2000年奥运会体操冠军刘璇在1996年波多黎各世锦赛上成为首次在高低杠上完成单臂大回环的女子体操运动员,这个动作现在以她的名字命名。

大回环需要很大的力量和高超的技巧才能完成。单杠是高出地面2.5米、直径2.8厘米的钢制长杆;运动员手戴用皮革制成的护掌以确保紧抓单杠。体操运动员在完成大回环时会承受到多大的力呢? 和坐过山车的游客一样,当他的身体垂直在杠下时受到最大的力。此刻,他受到自己身体向下的重力以及由

[①] 过山车轨道不是圆的,否则乘客在底部时将承受更大的力,从而导致危险。它的曲线是"回旋线"。请参阅本社出版的《生活中的数学》。——编注

于身体做圆周运动而产生的离心惯性力。如果体操运动员的质量为 M,转动惯量为 I,身体重心到单杠的距离为 h。当他的身体做圆周运动到垂直在单杠上方,即到达最顶端时,他围绕着单杠的角速度为 ω;当他转到单杠垂直下方,即最底端时,角速度增加到 ω',我们可以将这两种状态时的旋转能量联合起来看。角速度的增加是因为他的质量中心从高于单杠 h 的高度降到低于单杠 h 的高度,导致势能减少 $2Mgh$,旋转动能增加了,因此角速度也增加到 ω'。在摆动的最高点和最低点之间动能的转换可以用以下表达式描述:

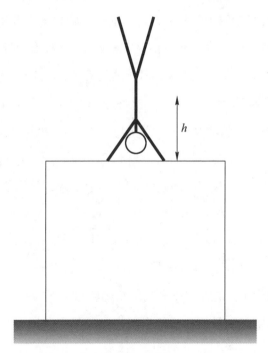

图 23.1

最底部的旋转动能 = 最高处的旋转动能 + 损失的势能:

$$(1/2)\,I\omega'^{2} = (1/2)\,I\omega^{2} + 2Mgh$$

身体转动到底部时,体操运动员受的力是他的身体重力与离心惯性力之和。重力为 Mg,身体转动半径为 h,转动角速度为 ω',因此身体转动所受到的离心力为

$Mh\omega'^2$。两者相加得到：

体操运动员受到的最大的力 $= Mg + Mh\omega'^2 = Mg + 4M^2gh^2/I$

如果这时运动员的转动惯量为 $I = Mk^2$，其中 k 为回转半径，则总的受力变为：

$$Mg(1 + 4h^2/k^2 + h\omega^2/g)$$

实际上，右边最后一项远远小于第二项——运动员如果从一个静止的倒立位置开始时，ω 实际为 0。我们试着建立一个体操运动员身体质量分布的精确模型——一个圆柱形的躯干和其上的两个细的管状大腿以及更细的管状手臂，粗略估计它的回转半径约为 h，也可能比 h 稍微大一些，因为身体质量的分布在纵向上比横向上更远离中心。在顶部时角速度为 2—3/秒，$g = 9.8$ 米/秒²，加之标准的身体尺寸 $h = 1.3$ 米，我们可以得到：

体操运动员所受到的所有的力 $\approx Mg(1 + 4 + 1.2) \approx 6Mg$

根据我们所做的简化及我们所选择的特殊的 k 和 h（请注意，h/k 缩小10%，总受力约为 $5Mg$），我们能够简单地得出结论，体操运动员所承受的力大约为 $5Mg$—$6Mg$；即加速度为 $5g$—$6g$！这是非常吓人的。虽然体操运动员的头部在比 $h = 1.3$ 米小的半径内旋转，受到的力相对较小。在静止的倒立状态开始时，你也只减了 $1Mg$ 的压力，而乘坐圆形过山车到达底部位置时，也要承受 $6Mg$ 的力，避免这种危险压力的办法就是过山车的轨道不要做成圆形的。上述简单的计算揭示出，即使完成最简单的体操动作也要具有非同寻常的力量[1]。请不要在家里尝试！

---

[1]　管理机构通过给予这样的动作极低的难度分数，阻止体操运动员在比赛中尝试这样的危险动作。这就是高低杠上"京格尔空翻"遇到的情景。——原注

左撇子和右撇子

据调查,人群中大约有90%的人是右撇子,大约10%的人是左撇子,有很小一部分人是左右分工(用一只手做某些事,另一只手做其他事),而更少的人是"双撇子",能够左右开弓自如地用两只手做全部或大部分的事情。尽管有很多理论解释为什么会存在这种不均衡的现象,但没有一种解释被大众所普遍接受。人们一直疑惑作为少数派的左撇子是否在很久以前拥有明显优势,因为那时的军事活动大都用剑和其他手持武器。如果你走上古老的英国城堡中的一段螺旋楼梯,你会发现楼梯以"右手感"螺旋上升,有利于右手守卫者对付右手进攻者。守卫者有足够空间挥舞刀剑对付可怜的右手进攻者,而进攻者的刀剑很容易被楼梯侧的墙面所阻碍。但是,如果有一支左撇子组成的特殊突击队来进攻这样的城堡,则他们会比右撇子更易获得成功。另外也有人认为,左撇子的手更加灵巧,更易于控制,因为身体的左侧是由大脑的右半球控制的。麦克马纳斯(Chris McManus)对这个引人入胜的主题做过有趣的调查,并著有《右撇子,左撇子》一书。

让我们忽略左右分工和左右开弓的少数人,想象90%的体育比赛选手是右撇子,10%是左撇子。当右撇子和左撇子在拳击、棒球、板球、击剑或柔道等运动中相遇时,会发生什么呢?右撇子在90%的比赛中会遇到右撇子对手,在10%的比赛中会遇到相对陌生的左撇子对手;另一方面,左撇子会在90%的比赛中遇到右撇子。因此,左撇子对付右撇子比右撇子对付左撇子有更多的取胜经验。左撇子仅会在10%的比赛里遇到其不熟悉的左撇子对手,此时双方均处于不熟悉的不利地位。因此总体来讲,右撇子对付右撇子和左撇子对付左撇子势均力敌,但左撇子对付右撇子则明显占据优势,因为他们具有更多战胜对手的经验。

终极撑竿跳

撑竿跳起源于现实生活。在欧洲的一些低地国家和英国的东安格利亚地区,为了排水和灌溉,农田被水渠和小河分割成网格状,所以每个村舍都准备了一些撑竿用于跃过沟渠。渐渐地,跃过沟渠这项技能演变成为一项农村体育活动——虽然最初的目的是跨越距离而不是高度。

1896 年,撑竿跳成为奥运会项目(2000 年增加了女子项目),运动员使用的撑竿采用白蜡树、竹子或金属铝等材质,运动员落在草地、木屑或沙土上。撑竿跳的动作要求相对简单,以脚先落地、不伤到脖子为底线。之后新技术的出现改变了赛事,引入了玻璃纤维和碳纤维材料制成的撑竿,并在着陆区铺设气垫床,使运动员得以充分释放他们强大的体育潜能。现在有各种长度和重量的撑竿,采用哪一根取决于撑竿跳运动员的体型和力量,一流的撑竿跳运动员在比赛中常备多根撑竿以供选择。撑竿跳运动员在力量和体重上的增加都要求用一根更坚硬的撑竿,而不要用一根相对你体重来讲太软的撑竿。如果撑竿在拱顶时突然断裂,运动员将面临严重受伤的危险,可能会落到气垫床外的地面上,或被撑竿锋利的锯齿断面刺伤。

在撑竿跳项目上,男子世界纪录是所有赛事中成绩最好的。室外撑竿跳纪录为 6.14 米,室内纪录为 6.15 米,两者均由布勃卡(Sergei Bubka)在 1994 年创造。女子世界纪录为伊辛巴耶娃(Yelena Isinbayeva)在 2009 年实现的 5.06 米。他们两人的成绩均大幅领先于第二名。

撑竿跳比赛时,运动员两手握住撑竿一侧,在跑道上助跑约 20 步。为了保持撑竿水平,运动员要施加约 5 倍于撑竿重量的力。然后,运动员将撑竿以一定速度插入跳高架下面的插斗内,压迫撑竿使其弯曲,同时将自身的动能转化为弹跳能,摆动一条腿使身体旋转向上。最终,他的臀部会与头部处于同一高度,身体弯曲成 L 状,双腿垂直向上。当撑竿从弯曲状恢复伸直状时,释放其储存的全部弹性能。此刻运动员利用两手推动自己的身体向上弹出离开撑竿的顶端,然后扭动身体,胸部面对横杆越过去(相反的方式是背越式跳高,以背部面对横杆越过),这样他的整体重心在横杆之下而身体蜷曲着在横杆之上。运动员在气垫床上着陆时最好采取背部着陆的方式,如果是脚先着地,有可能导致脚踝扭伤。

一个身材高大(身高 1.80 米)的撑竿跳运动员的重心大约在距离地面 1.2 米的高处,如果他以相当于百米赛成绩 10.5 秒(即 $v = 9.5$ 米/秒)的冲刺速度将撑竿插入插斗中,假设他最有效地控制撑竿,则他能够将重心提高至少 $v^2/(2g) = 4.6$(米)(其中 g 是重力加速度,$g = 9.8$ 米/秒^2)。考虑到运动员身体重心原来的高度为 1.2 米,则他可以将重心提高到距地面 5.8 米的高度。玻璃纤维撑竿也可以让运动员的最大净高增加 50—90 厘米,因为其超强的柔韧性减少了撑竿运动员在撑竿弯曲过程中能量的损失,撑竿弯曲能使运动员以一个较平坦的角度起跳,从而减少所储存能量的损失。所以撑竿柔韧并不仅仅用于将运动员弹射出去。

后布勃卡时代的超级运动员可能会使用这样的技术:充分利用起跳能量,用自己的力量将身体推升上去,当身体处于垂直倒立状态时,双手脱离撑竿飞越出去。这样可以将身体重心再提高约 1.8 米(双臂的长度 + 1.2 米),进而达到约 7.6 米的净高度。在一连串的动作中,关键因素是运动员手持撑竿奔跑能够达

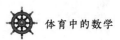

到的起跳速度,因为这个速度的平方决定他的重心能够达到的高度。力量在确定速度方面起着重要的作用,同时也决定着撑竿的弯曲程度及将身体向上推高的能力。当然,前提是假定尚没有重大的技术进步创新出更轻、更富于弹性的撑竿,就同当初没有玻璃纤维撑竿取代竹竿一样。

空手道小子的回归

奥运会上有两种武术,日本的柔道[①](1964 年东京奥运会首次引入男子柔道比赛,1992 年巴塞罗那奥运会及 1988 年残奥会上出现了女子柔道)和韩国的跆拳道[②](1992 年巴塞罗那奥运会作为表演项目,2000 年悉尼奥运会正式引入男子和女子跆拳道比赛)。令人惊讶的是,空手道——世界第三大武术门类——不是奥运会的比赛项目。早在 2001 年就有是否将其列入奥运会项目的讨论,国际奥委会计划委员会也曾在 2005 年和 2009 年正式提议,但都失败了。据报道,空手道出局是因为世界各地现存的规则和风格不同——有的是轻微接触式(也称为点到为止式拳法),有的是全面接触式(也称为实战型拳法);有的使用防护垫,有的则没有;还有的甚至戴拳击手套——目前尚无办法公平地协调所有这些差异,使之成为一个有统一比赛规则从而适合奥运会比赛的项目。目前空手道有许多被正式认可的比赛规则和协会,而奥运会空手道只能选择一种比赛规则,这意味着大量的选手不得不改变他们所学的内容,放弃那些不被允许的部分,从而使自己处于不利的地位。统一空手道比赛规则的难度堪比将一个主要宗教中

---

① "柔道"的意思是"温柔的方式"。——原注
② "跆"指用脚踢或踹,"拳"指用拳头打或击,"道"指这两种方式的艺术。——原注

不同信仰的分支合并成一个单一教会。

最引人注目的空手道表演是传统的单手砍断砖头或木板。让我们看看这对于黑带选手来说有多容易。出色的空手道选手在比赛中的成功一击取决于速度以及加速度。一名顶级黑带选手的一击速度可达 7 米/秒。一个人手臂的平均质量约为 3.4 千克,所以他手臂的击打动量约为 $7 \times 3.4 = 24$(千克·米/秒)。与目标的接触时间小于 5 毫秒,因此他所施加的力可达 $24 \div 0.005 = 4800$(牛)。比较一下:一个 70 千克的人施加在地面上的重力为 $70 \times 9.8 = 686$(牛)。如果这种冲击力打到你的头上,头的质量大约为 5 千克,那么产生的加速度将是 $4800/5 = 960$(米/秒^2),大约为 $96g$($g = 9.8$ 米/秒^2)[1]。

这与击碎木板或砖头有什么可比性呢?你会发现,掌击木板的空手道表演者通常使用一摞薄木板来增加总的厚度,而不是用一整块厚木板。这是一项容易的挑战,因为表演者只需击破一片片薄木板而不用击碎一整块更硬的木板。一摞薄木板上面被击碎的木板可以将向下的动量持续作用于下面的那些板上,击碎两块木板所需的力小于击碎一块木板所用力的两倍。同时,表演者会小心地将木板按一定的方向摆放,使得掌击的方向平行于木头的纹理,这样最容易开裂。另外,击打这一摞木板的正中位置也很重要。

高手能够积聚雷霆之力,以最大速度打击目标。如果因为担心手会受伤而慢下来,则施加的力会大幅降低——这反而会伤害到手,因为木板没有开裂[2]。要击断一块 20 厘米 × 30 厘米、厚 1 厘米的松木板,需要约 3100 牛的力;要击碎相同面积而厚度为 4 厘米的一块砖头,需要约 3200 牛的力。顶级黑带选手发出的力达 4800 牛,所以你可以看到他轻而易举地击碎砖头或一摞木板。

---

[1] 人们多次尝试用连接到沙袋的传感器来测定拳击手和武术选手所施加的力。一流选手的代表性记录为:拳击手可施加超过 4500 牛的力,跆拳道选手的踢力超过 6800 牛。——原注

[2] 你的手应该可以承受 20 000 牛的力,但请不要冒险尝试。——原注

杠杆作用

我们都熟悉杠杆,在杠杆上施加一个力,在远离这个力的地方能得到一个很大的力,受力大小取决于施加的力以及它到平衡点的距离,该平衡点称为支点。在下图中你可以看到 3 种不同类型的杠杆,为实现平衡所需要的外力各不相同。"类型 1"的杠杆中,在支点的一侧施加负荷,在另一侧需施加向下的力来保持平衡。如果施力点与支点的距离等于负荷距支点的距离,那么为了保持杠杆平衡,施加的力必须等于负荷的重量。但是,如果施力点距支点的距离比负荷距支点的距离更大时,施加的力可以小一点。当支点两端的距离与力的乘积相等时,杠杆达到平衡[①]。我们对这种类型的杠杆很熟悉。如果你坐在一个跷跷板上,你

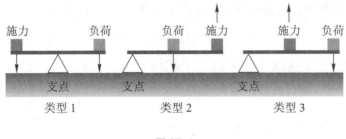

图 27.1

---

① 负荷的作用力垂直向下,与水平成直角。如果负荷施加的力与杠杆成一个角度,则计算方法为该负荷在垂直于杠杆方向上的分力乘以到支点的距离。——原注

的体重与别人的相同,而且两人距支点的距离也相同,那么就实现了"类型1"杠杆的平衡。

"类型2"的杠杆有所不同。施力点比负荷离支点远,两者在支点的同一侧,但施力的方向相反。如果有人坐在跷跷板的一侧,而你试图从后面提拉他们的座位从而抬高跷跷板,那么你正在应用这种类型的杠杆。"类型3"的杠杆将"类型2"中的负荷和施力调换,你试图抬起负荷,而该负荷离支点更远,这样你会更累。

这3种杠杆原理常常应用于奥运会赛事和运动员的训练方案中。如果你尝试做俯卧撑,则你的操作属于"类型2"杠杆。脚趾是支点,体重是负荷,而你正在用手臂肌肉的力量向上克服它。如果你坐着,伸直手臂紧握哑铃,朝上弯曲手臂时,你的动作就属于"类型3"杠杆。做仰卧起坐时,你的脚由别人压着,这时你正在做"类型3"杠杆的动作。划桨手划桨时的动作,如同"类型1"杠杆,以桨架为支点在水中划动船桨。

更有趣的(或痛苦的)的杠杆应用出现在摔跤比赛中。不要把奥运会的摔跤比赛与电视中的摔跤比赛混为一谈。"黑暗战舰""巨型草垛"等都是我们熟悉的电视里的摔跤娱乐节目。摔跤比赛包括拳打、脚踢、肘击、抛摔、逃避等5种徒手格斗技法。在奥运会上你会看到"自由式"和"古典罗马式",它们有着不同的比赛规则。"古典式"摔跤不能使用低于臀部的身体部位,包括不能使用腿。而"自由式"摔跤尽管对使用部位仍有限制,但允许使用腿和臀部以下的部位。

所有这些摔跤比赛均利用了杠杆原理,"类型2"被认为是最有效的,"类型3"效果最差,而"类型1"则介于两者之间。

当你观看体育比赛中的力量型项目时,你辨别一下运动员使用的是这3种杠杆类型中的哪一种。选手们通过明智地选择支点,能够放大自身的力量,从而取得优势。

触 摸 天 空

在英式橄榄球比赛中,有一种方法可以使球重回球场,这也使它比足球比赛中界外球的简单争夺更具组织性和戏剧性。橄榄球比赛中进行列队争球时,两队的前锋队员排成两列进行争抢,球由其中一队的一名球员从边线扔出。等待接球的球员不仅可以跳起接球,甚至还可以由队友高高举起接球,然后回传给队友。显然,列队争球时球员越高越好,身高不足的球队会在每一次列队争球中丢球。但是,仅凭身高和跳(没有助跑)得高并不足以拿到球,因为你会遇到同样身高并被队友高举到空中的对手。你有没有想过前锋接球时,两名高大强壮的队友各抓住他的一条腿,挥动双臂把他向上抛举时,这名前锋最高能达到什么高度?

大多数运动员能够发出至少跟他们的体重相当的力量(优秀举重运动员能举起更重的物体),因此争球时这两名队员将发出至少等于他们两人体重的向上的力给接球的前锋。假设他们 3 人具有相同的体重,接球者受到的向下的力等于一人体重,因此他受到的向上的净力至少等于一人的体重。在没有队友帮助下跳起接球时,他受到相当于一人体重的净向下力。在列队争球的队员中,很多队员身高 2 米、伸展双臂超过头顶约 0.75 米。如果他们抓住跳起的前锋的大腿并举高,那么前锋能够接住离地面 4.5—5 米高的球。这个数字令人印象深

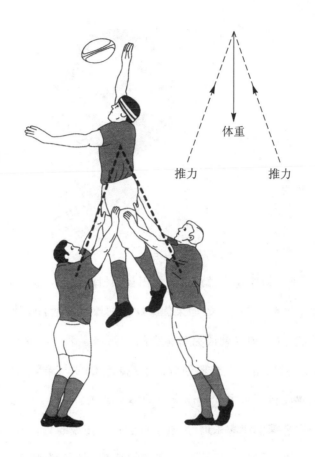

体重

推力　　　　　推力

图28.1

刻:这样他可以凭6米的高度赢得奥运会上男子撑杆跳的金牌(世界跳高纪录也"仅为"2.45米)——很长的下落距离而且着陆区还没有气垫!施加的力必须让跳高者在约0.75秒的时间里上升到最大高度。从边线发球的球员必须非常精确地发球,以使球的弧形轨迹达到最大高度4.5—5米时,恰恰也是前锋跳起达到的最高空中位置。他的队友会给发球者一个信号,告诉他队列中的哪位球员将会跳起接他抛出的球,而且发球者也只有不到0.75秒的时间使球到达空中的那个关键点。

马拉松

传统上,男子马拉松比赛都在奥运会田径项目的最后一天举行,跑完奇怪的 26 英里 385 码(即 42.195 千米,如果你喜欢这样计算的话)的距离。从 1896 年 现代奥运会开始,这个项目就成为奥运会的一部分。第一届现代奥运会在雅典 举行,出于传统需要,希腊人想要创造一个戏剧性的能与希腊历史共鸣的项目。 他们选择的共鸣项目不是古代奥运会上的体育赛项,而是一个珍藏的传说。我 们不去探究历史学家们津津乐道、反复求证的这一传说的真相,这一传说的线索 来自古代历史学家讲述的关于一名信使的故事,信使的名字叫菲迪皮迪兹 (Pheidippides)[尽管后来的作家称他为菲力皮迪兹(Philippides)],他被派遣从 马拉松(地名)战场前往雅典通报波斯人在公元前 490 年的八九月间被打败的 消息。这一地区为丘陵地带并且崎岖不堪,他只能选择不同的路线,路程在 37—41.8 千米间变化——在 1896 年,人们认为他选择了一条较长距离的路。 当他跑到雅典宣布好消息"我们赢了"后,就倒地身亡了。

1896 年雅典奥运会上的马拉松比赛(2 小时 58 分 50 秒)的冠军是一位不知 名的希腊挑水夫路易斯(Spiridon Louis)。奇怪的是,他在希腊队选拔赛中,相同 的赛程只得了第五名(3 小时 18 分)。领先者的照片如下页:

图 29.1

　　如果你是马拉松爱好者,冠军们的成绩可能会给你留下深刻印象。可惜的是,这些成绩并不完全如它们所呈现的样子。目前使用的标准马拉松距离是国际田联在 1921 年发布的,早期马拉松的实际距离如下表所示:

年份	距离(千米)	距离(英里)
1896	40	24.85
1900	40.26	25.2
1904	40	24.85
1906	41.86	26.01
1908	42.195	26.22
1912	40.2	24.98
1920	42.75	26.56
1924 及以后	42.195	26.22

　　早期的奥运会上没有人太在意那些实际距离,重要的是所有参赛者在每个单场比赛中跑相同的路程。1904 年圣路易斯奥运会的马拉松比赛糟糕透顶,比

赛是在有车辆行驶的道路上进行的,运动员不得不一路躲闪,一名运动员甚至被狗赶出了赛道。第一个完成比赛的选手被取消了资格,他被曝近一半的路程是坐汽车完成的。受这些变化莫测的因素影响,比赛距离也在40—42.74千米之间变化。直到1920年的奥运会,新标准距离26英里385码(1908年第一次使用过)开始应用于所有男子、女子和残奥会马拉松比赛中。那么这个标准距离是从哪里来的呢?

我们将官方马拉松比赛距离归功于英国王室。1908年的奥运会在伦敦举行,那时体育赛事都在老的白城体育场进行。王室询问能否将马拉松比赛的起点设在温莎城堡的大门外,以便他们的子女能够通过育儿室的窗户观看比赛。比赛还将终点改到白城体育场的赛道上,正好面对爱德华七世(Edward Ⅶ)的贵宾席。这两个要求结合起来,就产生了现在的这个标志性距离。

1908年的奥运会马拉松比赛极富戏剧性,它在体育场内的68000名观众面前结束。处于领先地位的意大利运动员佩特里(Dorando Pietri)在进入体育场时状态极差,在跑道上精神崩溃,开始迷失方向。终点线附近的两位工作人员出于好意扶着他的手臂走过终点线。可惜的是,他立即被取消了比赛资格。金牌被一位美国人——22岁的海耶斯(Johnny Hayes)获得,他是许多在爱尔兰出生而为美国比赛的运动员之一,以2小时55分18秒的成绩跑完了全程[①]。没人记得金牌得主海耶斯,佩特里的命运给王室留下了深刻印象,亚历山德拉王后第二天给他颁发了一个特殊的镀金的银杯。在接下来的4年里,海耶斯和佩特里转为职业选手,并4次在马拉松比赛中相遇——佩特里每次都赢了。多年以后,英国运动员迪肯(Joe Deakin)将佩特里迷失方向和崩溃的事实归咎于他一路上喝了太多观众提供给他的酒。

---

① 英国运动员克拉克(Billy Clarke)起初领先比赛,但在后来落后了,以第十二名、可敬的3小时16分8秒完成了全程。两年以后,他在草地跑道上跑出了2小时51分50秒的成绩,并在1911年3月都柏林的室内比赛中将成绩提高到2小时41秒。——原注

闪闪发光的
未必都是金子

对于大多数竞技选手来说，一枚奥运金牌代表了成就的顶峰。然而，古希腊奥运会没有奖牌，每个赛事的冠军得到一个橄榄花环，第二、第三名则一无所获。1896 年奥运会恢复时，冠军获得一枚银牌，亚军获得一枚铜牌[①]。奇怪的是，当时黄金似乎不如白银贵重。1900 年巴黎奥运会甚至没有任何奖牌，只有杯子和其他奖品——男子 200 米自由泳的冠军、澳大利亚人莱恩（Frederick Lane）被授予一尊青铜骏马塑像！1904 年，纯金奖牌取代银牌被授予冠军，亚军和季军也被授予银牌和铜牌。然而纯金的金牌在 1912 年后消失，"金"牌由纯银铸成，表面有 6 克的黄金镀层，使其拥有引人注目的金黄色泽，并被要求直径不小于 60 毫米，厚度不小于 3 毫米。

每届奥运会的东道主都要负责制作奖牌。在 1928—1968 年期间，奖牌的两面是一样的，由意大利艺术家卡西奥里（Giuseppe Cassioli）设计。1972 年之后，东道主在自行设计奖牌的一个面上有越来越多的自主权。例如，2010 年的温哥

---

① 第一届现代奥运会只有男性参加，但 1900 年的第二届奥运会就有女性参加了。第一届现代奥运会的第一场比赛是男子 100 米预赛，由美国队的莱恩（Francis Lane）以 12.2 秒赢得比赛。在 4 月 10 日的决赛中他名列第三，而他的队友伯克以 12 秒的成绩获胜。——原注

华冬季奥运会通过奖牌的设计大力宣传环保主题——奖牌用废弃的电视机和计算机电路板中的金属制成。在 2008 年的北京奥运会上,奖牌直径约为 70 毫米,厚度 6 毫米,重约 120 克,并镶嵌了一个玉璧。2012 年伦敦奥运会的金牌是夏季奥运会有史以来所授予的最大金牌,直径 85 毫米,厚 7 毫米,重达 400 克。

不要先眨眼

　　足球比赛中主罚点球是令人伤脑筋的一件事,因为点球直接决定整场比赛的结果,而任何人罚失点球,很可能面临长期的不良后果。主罚点球最好的策略是什么呢?把球随意地放置于罚球点(球门前方、两个门柱之间),这是让对手无法采用明确防御措施的一种战术,但这中间也可以加入一些非随机的因素。作为个人,守门员和罚球队员都各有优缺点——例如,有人擅长右脚,有人擅长左脚。身材高大的罚球队员可能不擅长低射,容易把球踢出球门横梁;后卫出身的罚球队员则可能会简单地将球大脚踢向 Z 排看台。

　　专业研究人员研究了大量欧洲足球比赛中的点球,他们收集了 1417 个罚球实例,分析罚球队员的射门方向以及守门员的扑球方向。射门方向和守门员扑球方向分为 3 项——向右、向左、中间——并统计成功进球的百分率("成功"是从主罚点球队员的角度来说的,因为进球才能得分),结果如表中所示:

守门员	主罚点球队员射门成功率(%)		
	向左射门	中间射门	向右射门
向右扑	60	90	93
居中	100	30	100
向左扑	94	85	60

你会注意到守门员向右扑的次数比向左扑的要多,这无疑反映了一个事实:人群中约90%的人是右撇子。实际上,守门员和罚球队员可以利用上述数据制定一个最优的罚球/扑球策略。最佳策略就是让最糟糕情况的发生概率最小化。两人博弈策略——"纳什均衡"理论是一个简单的已充分研究过的数学理论,由著名的数学家纳什(John Nash)创立(获奖影片《美丽心灵》就是以他的生活背景为题材拍摄的)。纳什最终获得了诺贝尔经济学奖,以表彰他进行的这项重要工作。把"纳什均衡"理论应用于罚球队员与守门员之间进行较量的策略是:罚球队员应该将他37%的球射向左侧,29%居中,34%射向右侧。守门员应该采取的最佳策略为44%向左扑,13%居中,43%向右扑。

如果他们两人都采用最佳策略,那么80%的点球将会得分[①]。也就是说,在典型的每队5次点球射门决胜负的情况下,点球一般会罚失两个球。

① 研究德甲联赛16年多的罚球记录发现,进球得分率为76%,虽然2005—2006赛季英超联赛的得分率只有70%。——原注

乒乓球回家了

　　打乒乓球可能是世界上参与人数最多的体育运动了,中国人几乎人人都打乒乓球。我在中国访问时发现,很多非公共场所都有全天候乒乓球桌,那里总是聚集着大批的乒乓爱好者和热心观众。最有成就并且修完了大学课程的运动员是邓亚萍,她是中国乒乓球运动员中的杰出代表。她获得了 1992 年和 1996 年奥运会女子单打和双打 4 枚金牌,还有 6 个世界锦标赛冠军(1991 年、1995 年和 1997 年的单打和双打),被誉为有史以来最伟大的运动员之一,中国最著名的体育人物之一。

　　乒乓球运动于 1988 年成为奥运会比赛项目,它也是最近为提高观众兴奋度而更改计分系统的项目之一。最初的计分系统是,球员每局必须至少拿到 21 分并且领先 2 分后才能获胜,局中每人发球满 5 次后轮换发球权,三局两胜制。现在,高级别的乒乓球比赛胜者每局至少得分 11 分,且必须有 2 分领先,七局四胜制[①]。球员每发两个球就轮换发球权,10:10 以后,每个球员各发一次球就轮换发球权。这些规则的变化可以防止发球方因发球优势而得分太多,还可以防止出现乏味的一边倒的比赛场面。

---

① 有时为五局三胜制。——原注

理想情况下,计分系统应该增加比赛回合,鼓励运动员以实力赢得比赛,使较弱球员凭运气获胜的概率最小化。例如,如果赢家可以凭 1 分优势获胜,那么技能娴熟的球员就没有机会表现自己。然而,随着比赛得分的差距越来越大,相对较弱的球员凭运气获胜的机会就越来越小了,这对期待享受的观众来说是一个负面影响。所以我们看到,许多体育项目中有特意安排的赛程,为了吸引观众而延长比赛,防止出现不可逆转的得分差距,产生大量的关键分,使比赛更吸引眼球。

　　如果一名运动员赢得一分有相同的概率 P,而且他需要赢得 n 分才能成为该局的胜者,我们可以计算一下这名运动员在 n 次失败前 n 次赢球的机会。为简单起见,假设比赛的两个球员水平相当,所以 P 非常接近 $1/2$,记为 $P = 1/2 + s$,其中 s 是一个非常小的量(远小于 $1/2$),n 次失败前 n 次赢球的概率大约是:

$$Q = 1/2 + 2s \sqrt{(n/\pi)}$$

　　请注意,如果每得一分的概率是 $1/2$,s 是 0,那么比赛获胜概率 Q 就是 $1/2$。我们可以看到,当比赛次数增加时,球员的一个很小的优势(s 是个很小的正数)能够得到稳步的放大(以 n 的平方根增长)。如果两个球员水平相当,则需要更多的比赛以使 Q 变得明显大于 $1/2$。这就是为什么高级别的男子乒乓球比赛是 5 局,而不仅仅是 3 局。

　　对于势均力敌的球员来说,一般边际优势以 $2s \sqrt{(n/\pi)}$ 增加,最终赢 n 场比赛成为冠军,也就是得 11 分赢得一局比赛并至少有 2 分的净胜分,那么赢 m 局比赛以赢得整个赛程需要的净胜分将为 $2 \sqrt{(m/\pi)} \times 2s \sqrt{(n/\pi)} = 4s/\pi \sqrt{m \times n}$[①]。

　　这里的关键是 $m \times n$。如果 $m \times n$ 在两个不同的评分系统中相同,则对势均力敌的运动员来讲,凭借技能与凭借运气的机会是相同的。乒乓球得分的情况

---

① 　这是因为要以边际优势 $s^{\star}$ 赢得 m 局比赛的边际优势是 $2s^{\star} \sqrt{m/\pi}$,但 $s^{\star} = 2s \sqrt{n/\pi}$ 是从每一局有 n 分的优势继承来的。——原注

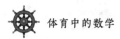

是怎么样的呢？在旧的计分系统中，需要 $n = 21$ 分赢一局，且 $m = 2$ 局以赢得整个比赛，因为三局两胜制，因此 $m \times n = 42$。在现在的评分系统中，比赛为 $n = 11$ 分，且 7 局中至少胜 4 局，所以 $m = 4$，$m \times n = 44$。42 和 44 两个数是如此接近！当人们改变乒乓球比赛的计分系统时，他们一定知道这个结果！这个新的计分系统在鼓励技能超越运气方面与旧系统几乎一样，但成倍地提高了观众兴趣，减少了发球优势造成的偏差[①]。很明显：$m \times n$ 可以很好地衡量整个比赛的局数与局分。保持 $m \times n$ 大致相同这个原理对于项目计划（如电视节目编排）也非常有用，因为它也保证了技能优于运气的奖励系数。

---

① 下一个选择会是 $n = 9$，但要求 $m = 5$（九局五胜），即 $m \times n = 45$，而且比赛以 5 分结束——太短了，没有吸引力。再下一个选择可以是 $m = 3$（五局三胜），对于 $m \times n = 45$，则 $n = 15$。这是令人满意的，但与旧系统相比变化不够大，虽然一些国家和地方联赛都采用它。——原注

野外狂走

    竞走以"步行"的名义出现在 1880 年英国业余体育协会的第一届田径赛中。在 1904 年的奥运会上,它属于十项全能中的一个比赛项目(多么有趣的想法! 竟然把步行加入现代十项运动中)。个人竞走项目是在 1908 年的奥运会上被正式命名的,而且自那时起就一直是奥运会项目(包括 20 千米和 50 千米公路赛)。女子竞走在 1992 年加入奥运会,且只有 20 千米一个项目。男子 20 千米公路赛目前最新的世界纪录是 1 小时 16 分 43 秒,女子 20 千米公路赛最新的世界纪录是 1 小时 24 分 50 秒。全程 20 千米男子的平均速度是 4.35 米/秒,也就是每千米需 3 分 50 秒。这是很快的跑步速度,绝不是我们平时所说的走路速度了。

    竞走运动员是如何走得这么快的? 比赛规则要求运动员竞走时必须始终有一只脚踩在地上,否则将因"腾空"而被取消比赛资格。接触地面支撑整个身体的那条腿还必须是直的(膝盖不能弯曲),在垂直的位置上支撑体重。这条规则是为了将竞走和跑步区别开来。人们跑步时,腿离开地面一般会弯曲。事实上,竞走运动员通过极高的摆腿节奏产生非凡的速度。优秀竞走运动员的速度可以和跑 400 米的运动员的速度一样快,并且持续 75 分钟而非 45 秒! 他们的运动速度由步伐的频率乘以步幅来决定。如果运动员像平常在街上走路一样,那么

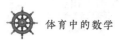

他会因为步幅太小而无法产生足够快的速度。这也是为什么优秀的运动员在竞走时会出现独特的胯部扭动动作——这样能有效地扩大步幅。这也要求运动员胯部有良好的灵活性、协调性，走起来才平顺流畅。当运动员疾跑时，身体重心会上下移动，然而优秀竞走运动员身体重心的移动始终保持在一条水平线上，不会因为身体重心不必要的上下移动而浪费能量（图33.1）。

图 33.1

竞走存在一个严重的问题。在电视出现之前竞走的规则就已经制定好了，但即使到现在也仅由裁判在执行。在运动员从体育场出发后的漫漫路程中，由裁判观察、判断运动员是否出现"腾空"。慢镜头回放摄像机拍下的动作，仔细观察后的结果会让记者和观众一片哗然：所有的优秀选手都在跑！脚不断地与地面脱离接触，比赛成了变相的跑步。然而看看1996年奥运会冠军、来自厄瓜多尔的优秀运动员佩雷斯的影像资料可以发现——影像没有快进——他确实是每分钟走186步，而且步伐完美，身体没有上下运动，静止的画面也显示他的脚并没有腾空。

使用数学分析来研究这种与地面的接触是一件有趣的事。当竞走运动员两只脚都着地时，腿的长度是 L，步幅则是 S，构成一个三角形（图33.2）。

在垂直方向上的作用力是竞走运动员的体重 Mg，后脚产生向上的反作用力 R。如果后脚在前脚接触地面之前离开地面，那么 R 将变为 0，竞走运动员将"腾空"，根据下面的公式，不"腾空"的最大速度 v 是：

$$v^2 = (1/2)gL(3\sqrt{4 - S^2/L^2} - 4)$$

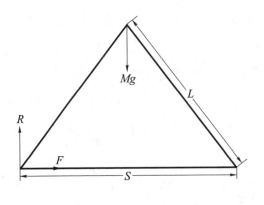

图 33.2

其中, $g = 9.8$ 米/秒^2 为重力加速度, L 是竞走运动员腿的长度, S 是竞走运动员的步幅。如果我们假设典型的腿长为 1 米, 步幅为 1.3 米, 那么脚不离开地面时最大的行走速度为 $v = 1.7$ 米/秒。这远远小于顶尖竞走运动员在 20 千米中保持的 4 米/秒的速度。

有两种关键方法可以使他们走得更快并且不出现腾空现象。一是减小步幅(S 的值更小)并加快节奏。例如, 假设我们将步幅减少到 $S = 1$ 米, 合理的最大竞走速度会加快为 2.42 米/秒。但是这还不够。我们来看看第二个方法,"增加"运动员腿的长度。一名优秀竞走运动员通过摆动胯部有效地延长了腿的长度, 其效果如同加大了步幅一样(图 33.3)。

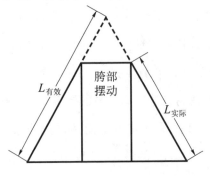

图 33.3

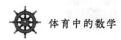

步幅随着"新"的腿长而有效地加大,而胯部运动必须使腿长延伸到匪夷所思的 2.3 米,这样才可能达到创纪录的速度 4.35 米/秒,同时不会发生双脚腾空。上述分析也表明,以 4.35 米/秒的速度竞走,脚肯定会脱离地面,腾空是必然的。

赛马的确定性

我曾经看过一集名叫《杀机四伏》的犯罪电视剧,它讲述了一个通过收买赛马比赛中最有希望获胜的马所进行的赌马欺诈事件。该剧重点放在其他事件如谋杀上,而一直没有解释投注欺诈的本质。实际上这是怎么一回事呢?

假设有一场赛马比赛,有 N 匹马参加,所公布的赔率为 1 赔 a_1,1 赔 a_2,1 赔 a_3,……,如果赔率为 4 赔 5,则 a_i 为 1 赔 5/4。如果我们打赌将总赌注的 $1/(a_i+1)$ 押到赔率为 1 赔 a_i 的赛马上,那么只要赔率的总和 Q 满足以下不等式,我们将始终获利。

$$Q = 1/(a_1+1) + 1/(a_2+1) + 1/(a_3+1) + \cdots + 1/(a_N+1) < 1$$

如果 Q 确实小于 1,则我们赢的钱至少等于:

$$获利 = (1/Q - 1) \times 我们下的所有赌注$$

让我们看一些例子,假设有 4 匹马,且赔率分别是 1 赔 6,2 赔 7,1 赔 2,和 1 赔 8,那么我们就有 $a_1 = 6, a_2 = 7/2, a_3 = 2, a_4 = 8$,且

$$Q = 1/7 + 2/9 + 1/3 + 1/9 = 51/63 < 1$$

因此,如果我们将赌注的 1/7 下在 1 号马上,2/9 下在 2 号马上,1/3 下在 3 号马上,1/9 下在 4 号马上,那么我们至少能赢得投注钱的 51/63。

然而,假设在接下来的比赛中,4 匹马的赔率是 1 赔 3,1 赔 7,2 赔 3 和 1 赔

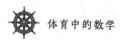

1（即"同额赌注"）。现在我们看到：

$$Q = 1/4 + 1/8 + 2/5 + 1/2 = 51/40 > 1$$

没有办法能够保证我们可以得到正回报。一般情况下我们可以看到，如果赛马的数量很多（N 的数值很大），Q 大于 1 的机会就大，但 N 大并不一定确保 $Q > 1$[①]。

让我们回到电视剧中来。如果我们提前知道在 $Q > 1$ 的例子中最有希望获胜的赛马已经不再有竞争力，因为骑手已经被麻醉了，情况将会发生什么变化呢？

如果我们利用这个内幕信息，我们会避开那匹最有希望的赛马（1 赔 2 的赔率），不对其下注。所以，我们实际是在赌一个只有 3 匹赛马的比赛：

$$Q = 1/4 + 1/8 + 2/5 = 31/40 < 1$$

通过将 1/4 的赌注下在 1 号马上，1/8 的赌注下在 2 号马上，2/5 的赌注下在 3 号马上，我们可以保证最低的回报为赌注的（40/31）– 1 = 9/31，再加上我们原始投注的所有的钱！所以我们坐收渔利。

顺便说一下，即使 $Q > 1$ 时，该投注方式仍是有用的——对于洗钱。如果你以上面所陈述的方式赌所有的赛马，那么你的钱就通过庄家而"洗白"了，它的成本费用是你赌注的 $1/(Q-1)$ 倍。

---

① 通过公式 $a_i = i(i+2)$ 赔 1 来选择赔率，就可以得到 $Q = 3/4$，甚至当 N 为无穷大时，可以得到一个正常的 30% 的回报。——原注

被取消资格的
概率是多少

2011 年世界田径锦标赛上,不少高调选手被取消了比赛资格。当飞人博尔特被取消 100 米决赛资格时,从观众群、赛会组委会和赞助商中传出很多抱怨声。新的抢跑规则没有给选手第二次机会:如果你抢跑一次,你就被取消比赛资格(DQd)。以前的抢跑规则对运动员相对友好,如果有人抢跑了,他们还有第二次机会。但如果这次有人抢跑,则不管这位运动员以前做过什么,他都会被取消资格(DQd)。简言之,如果你在第二次时犯错,你就被淘汰了。有些人不喜欢这个规则,他们声称它鼓励了搅乱战术,起跑较差的选手可以故意抢跑,让起跑快的选手在下一次起跑时更加谨慎。但新规则出现的真正原因缘于电视报道。抢跑拖延了比赛时间,惹恼了不耐烦的节目制作人。"一次犯规,出局走人"的规则,将抢跑对电视节目时间表的干扰降到最低。

假设在 100 米决赛中有 n 个选手(通常 $n=8$),他们抢跑的概率分别为 P_1,P_2,$\cdots$,P_n。根据现行规定,任一选手(比如说 r)被取消比赛资格的概率就是 P_r,其中 $r=1,2,3,\cdots,n$。此外,在同一次比赛中有可能不止一名选手被取消资格。

在旧规则下,运动员 r 更可能被取消资格:他抢跑两次,取消资格的概率为 $P_r \times P_r = P_r^2$;或是在其他人第一次抢跑后他第二次抢跑。如果选手 1 在他前面抢跑,则这个概率为 $P_1 \times P_r$,这里我们认为抢跑是选手们各自的独立行为。要

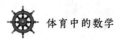

计算第二个选手抢跑并被取消资格的概率，只要将其他选手抢跑的概率相加即可。因此在旧规则下选手 r 被取消资格的总概率为 $P_r(P_1 + P_2 + P_{r-1} + P_r + P_{r+1} + \cdots + P_n)$。

第二个因数（括号中的数值）是每个选手都可能抢跑的概率的总和，它是测量抢跑可能性——同时也是测量赛场上"紧张"程度——的一个尺度。如果它的值超过1，则旧规则相比新规则来说，选手 r 被取消资格的机会更大。但如果"紧张程度"总值小于1，新规则下被取消资格的机会就少一些，电视节目时间表也就安全了。需要注意的是，两名选手 r 和 s 可能被取消资格的相对概率在两种规则里是相同的，都等于 P_r / P_s，所以这两个规则并不有利于某些容易抢跑的选手。具体来说，假设比赛中有 8 名选手，他们都有相同的抢跑概率 1/32，在新规则下每名选手有 1/32 的概率被取消资格。但在旧规则下，他的这个概率仅仅为 $1/32 \times (8 \times 1/32) = 1/128$。

赛艇也有力矩

如果你观察四人或八人赛艇中桨手的排列模式,你将看到他们是以对称方式排位的,从船头到船尾交替地右一左、右一左地排列——这种模式称为赛艇的"平台分布",我们刚刚描述的模式被称为"标准平台分布"。四人及八人平台分布如图 36.1 所示:

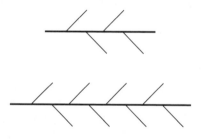

图 36.1

不过,当船在水中移动时,这种桨手排位规律隐含着一个显著的不对称。我几年前调查过这个现象,它影响到船前行的方向。我们看到,桨手划船时在桨架处握住桨,然后把桨拉向自己,这样作用在船上的总作用力可以分成两部分:平行于船体并且方向与船前行方向一致的一部分,以及与船体成直角的另一部分。有趣的是第二部分作用力。在划桨的前半阶段,这个力是直接指向船的方向(作用力 F),但在划桨的第二阶段,这个作用力方向相反(作用力 F'),远离船

只,与船成直角(图36.2)。结果船受到的这一部分力为方向交替变换的侧向力,先向着船的方向,然后又远离船的方向。

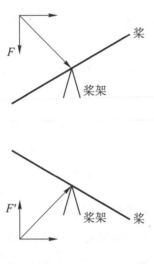

图36.2

现在我们回到船上,来计算这些侧向力的力矩。力矩等于力的大小乘以力到支点的距离。为简单起见,让我们假设赛艇运动员用力相同,都等于 F,第一桨手(尾桨手)到船尾的距离是 s,其他运动员均匀分布,相隔的距离为 r,在划桨的前半阶段,作用在这 4 个桨手上的总力矩是:

$$M = sF - (s+r)F + (s+2r)F - (s+3r)F = -2Fr$$

请注意,答案不是 0!同时可以看到,计算力矩更方便的是,第一桨手的距离 s 可以抵消掉,因为船两侧的桨手数量是一致的。在划桨的第二阶段,一切保持不变,除了力 F 的方向相反。这意味着仅需改变上面公式中的 F 为 $-F$。随着船体向前,船受到一个交替的侧向力作用,大小介于 $+2Fr$ 和 $-2Fr$ 之间——所以船体是摆动的。

如果没有舵手,桨手们必须把握这种摆动,并通过身体用力地反向侧倾来抵消这种摆动。如果有舵手,则可使用舵来纠正船的摆动。这两种操作都需要消耗身体能量。

其实,我们可以通过重新安排赛艇运动员的位置来避免这种摆动。在四人单桨无舵赛中,平台分布改为右—左—左—右,如图 36.3 所示,结果就没有侧向力矩作用在船上。

$$M = sF - (s + r)F - (s + 2r)F + (s + 3r)F = 0$$

图 36.3

这种排法就是著名的"意大利式"平台分布,由摩托古奇俱乐部队员于 1956 年在科莫湖上实施。该俱乐部首席摩托车工程师卡尔加诺(Giulio Cesare Carcano)观察了俱乐部 4 名运动员训练后提出建议:将中间两名桨手都放在右舷侧,可能会缓解船体不能直线前进的状况[1]。结果非常成功,摩托古奇队在那一年的墨尔本奥运会上代表意大利获得金牌。

8 人的情况更为复杂些。以标准平台方式划桨时,每次会产生一个不等于 0 的在 $-4Fr$ 和 $+4Fr$ 之间交替变化的侧向力矩。舵被用来阻止船的摆动。但我发现,对于八人赛来说,如果队员身材相同,有 4 种办法可以使侧向力为 0。图 36.4 为 4 种船不会摆动的平台分布。

平台分布(c)就是前后两个四人组的"意大利式"平台分布。平台分布(b)是所谓的"德国式",也称"桶式"或"拉策堡平台分布",最早是德国赛艇俱乐部在 1950 年代末训练队员时采用的。该发现受到了卡尔卡诺"意大利式"四人配

---

[1] 援引自安德森(Andy Anderson)撰写的赛艇新闻。关于摩托古奇俱乐部这种排法的起源还有其他说法。有人声称运动员操纵错误(可能是故意的),教练怀疑他们试图避免按计划时间表进行训练,告诉他们必须按错误操纵进行训练并达到目标,否则一直训练下去。出乎所有人的意料,他们采用新的平台分布排法后,缩短了时间获取最佳表现。——原注

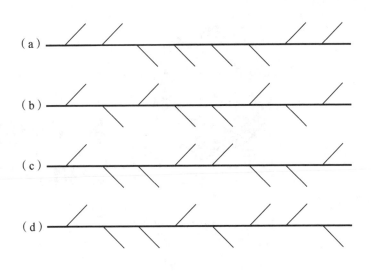

图 36.4

置的启发。其他两个平台分布则是全新的。

　　上述这些结果发表后，引起了世界各地的关注，也引发了《世界赛艇杂志》上的大讨论，《赛艇生物力学通讯》上的一篇文章更是详细地论证了这些研究成果。随后，《新科学家》委托帝国理工学院八人队在泰晤士河上做试验，看看他们喜欢标准平台还是新平台(a)。北京奥运会冠军加拿大男子八人队在夺金比赛中使用"德国式"平台分布(b)①，而牛津大学队使用同样的平台分布赢得了2011年泰晤士河上的大学龙舟赛——40年来第一次使用非标准的平台分布。也许在伦敦有人会尝试我的(a)或(d)平台分布。

---

① 请注意,由于取消了 s,r 始终乘以 F,只要找到所有从 1 到 8 的组合方式,其中 4 个是加号,4 个是减号,总和为 0,就能解决问题。例如,我发现的 4 个对应这种做法的解决方案分别是:对于(a)方式:$1+2-3-4-5-6+7+8$;对于(b)方式:$1-2+3-4-5+6-7+8$;对于(c)方式:$1-2-3+4+5-6-7+8$;对于(d)方式:$1-2-3+4-5+6+7-8$。它显示出只有赛艇选手的数量能够被 4 整除时,平台分布才有可能为 0 摆动。——原注

英式橄榄球
和相对论

2003 年橄榄球世界杯赛期间,我正在花两周时间访问悉尼的新南威尔士大学。在电视上观看了几场比赛,我注意到一个有趣的相对论问题:向前传球是相对什么来说的?比赛规则很清晰:当球被抛向对方球门线方向时,就是向前传球。但是当球员跑动时,裁判员根据运动的相对性来做出判断,这时情况就变得微妙了。

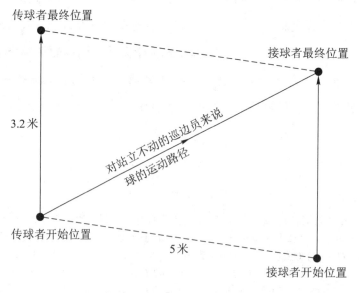

图 37.1

想象两名进攻球员在相距 5 米的两条平行直线上以 8 米/秒的速度向对方的球门线跑去。一名球员(接球者)负责接球,另一名球员(传球者)负责将球传给他,接球者的位置落后 1 米。传球者以 10 米/秒的速度将橄榄球抛向接球者,球相对于地面的实际速度是 $\sqrt{10^2+8^2}=12.8$(米/秒),球飞过两者间 5 米距离用时 0.4 秒。在此期间,接球者跑过了 $8\times0.4=3.2$(米),当球传出来时,他在传球者后面 1 米,但当他接球时,从站在原来位置的巡边员看来,接球者已经跑到传球者前方 2.2 米。巡边员认为这是一个越位动作,并举起旗子。但裁判员是跟着球员一起跑的,没有去看球的走向,比赛得以继续进行!

得分率

在大型板球比赛期间,英国广播公司(BBC)网站都会开通赛事专栏,发布得分情况以及其他统计数据,其中最有趣的是显示进球得分率的曲线。单日比赛中,每方 50 个回合,累计得分高的一队获胜。如果在本轮比赛之前一方已经占上风,那么本轮选择先击球还是后击球,人们有着不同的观点。但不管谁击球,得分率都非常重要。如果队里有一个击球手每轮只能得一分,从而妨碍了得分的提高,这是个坏消息——你会希望他的合约尽快到期,从而让那些得分能力更强的选手参加进来。当第一队完成其进攻回合后,球员和观众会非常敏锐地关注第二队的得分率,预测相同回合后他们是否能领先竞争对手? 是否会出现最后几轮里得分率激增的情况? 实际中战术是多变的,如果两个击球手是缓慢得分型,那么最好让他们留在比赛中,不要为了更快地得分而冒险替换掉其中之一。

得分率曲线图显示了总得分与击球回合(轮)数的关系。

得分率曲线图包含了很多有趣的东西。曲线只会上升或持平——不可能得负分! 曲线图的纵轴表示每回合的得分,得分率则由曲线的斜率表示。曲线上升的梯度越陡峭,得分的速度就越快;如果在一轮里没有得分,则曲线是水平的。

如果想从曲线中读出得分率,你会发现一个小问题。得分率取决于你采用多长一段曲线来估计斜率。如果你采用从原点开始(第 0 回合,得分为 0)到 50

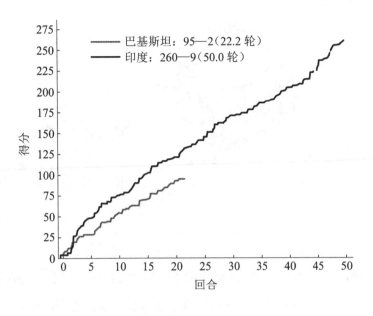

图 38.1

回合后的最终得分(假定是 250),那么得分率就是总分除以 50,即每轮得 5 分。假设在前 25 轮中只得到 100 分,这样计算出的得分率只有每轮 4 分,而后 25 轮得分率为每轮得 6 分。如果更仔细地观察曲线图后你会发现,每一轮后曲线就随之更新,所以在水平轴上有 50×6=300(步)可以被更新。瞬时的得分速度由两点之间的曲线斜率得出,它的最大值为 6,即每一次击球的最高得分,这种情况比较少见。如果击球队员在他打出的 300 个球里每一个都能得 6 分,那么将得到最高值 1800 分,得分率为每轮 36 分。实际情况是,国际比赛中 50 轮的最高得分是 443 分,由斯里兰卡获得,平均每一轮的得分不到 9 分。

得分率曲线呈用直线将各个点两两连接而成的阶梯状,不过,我们可以用一条尽可能准确的平滑曲线(没有拐角和断点)将尽可能多的点连接起来,并用数学式表达。如果 N 为轮次,得分率可以根据其曲线的数学模型 $S(N)$ 来确定。当 $N=0$ 时,S 一定等于 0,而 50 轮后的最终得分为 250,那么曲线表达式接近于 $S(N)=250(N/50)^n$,其中 n 接近于 1。

壁球——一项奇特的运动

一些球拍型运动(如壁球)或球队团体运动(如排球),历史上一直沿用一种独特的评分系统:只有在获得发球权时赢才能得分。这种比赛中一方最少得9、11或21分并领先2分才能赢,五局三胜制。这个计分系统的主要缺点是:比赛时间极难预测。记分牌不断更新,没有人可以预测比赛何时结束。这让电视等媒体在如何安排大型赛事的比赛时间上头疼。在相同的局数下,每场比赛的时间很容易受影响。因此,羽毛球比赛从每局15分[①]改为21分,无论是不是发球方,赢得一个回合就得分,采用三局两胜制。2004年,壁球也开始采用这种类型的PARS计分系统(或称"回合得分"系统),打到11分[②],五局三胜制。

在壁球计分系统改变以前,比赛采用的是另一种数学上有趣的规则:如果比分达到8比8,则接球方可以选择比赛打到9还是10分。

那么运动员应该如何选择呢? 一般来说,如果接球方较弱,那么打到9分为好;如果接球方较强,那么最好打到10分。较弱的选手可能会幸运地赢得1分,但在相同的情况下赢得2分的概率则低得多。

---

① 获胜者必须至少得15分,并且至少2分净胜球。——原注
② 获胜者必须至少得11分,并且至少2分净胜球。——原注

如果你赢得 1 分的概率是 p，在 8 比 8 的情况下，R 是你作为接球方赢得下 1 分的概率，S 是你作为发球方赢得下 1 分的概率，那么 $R = pS$，因为接球方必须首先赢 1 分以转变成发球方。算出 S 则很简单，因为发球方赢球直接得分，所以这个概率就是 p。但如果你作为发球方没拿到下 1 分（概率为 $1-p$），那么你得分的概率则为 R，因为现在你又变成了接球方。因此，可以看到 $S = p + (1-p)R = p + (1-p)pS$，则：

$$S = p/(1-p+p^2) \text{ 和 } R = p^2/(1-p+p^2)$$

现在我们可以决定接球方在 8 比 8 时选择打到 9 还是 10。如果打到 9，那么接球方赢的概率就是得到下 1 分的概率，即 R。如果选择打到 10，接球方需要得 2 分才能胜出，即需要赢两次：第一种情况是作为接球方赢得第 1 分，然后作为发球方以概率 S 获胜，此时概率是 RS，比分按顺序为 9 比 8，10 比 8；或者是 9 比 8，9 比 9，10 比 9 的比分，概率是 $R(1-S)R$；再或者是 8 比 9，9 比 9，10 比 9 的比分，概率是 $(1-R)RS$。将这 3 项概率加在一起，得到：如果打到 10，赢的概率 $= RS + R^2(1-S) + RS(1-R)$。

因此，如果要求打到 10 比打到 9 更有可能赢，则必须 $(1-2S)(1-R) < 0$。

因此必须 $S > 1/2$[①]。这意味着赢得 1 分的概率必须满足这个条件：$p/(1-p+p^2) > 1/2$，这就要求 $p > (1/2)(3-\sqrt{5}) = 0.382$[②]。

如果接球方赢得 1 分的概率大于 38%，那么他可以打到 10。但如果接球方知道自己是较弱的选手，赢得每 1 分的概率小于 38%，而且很幸运地悬在 8 比 8，那么他应该选择打到 9——可能侥幸地再得 1 分，但不要指望连得 2 分。

---

① 我们想要 $R < RS + R^2(1-S) + RS(1-R)$，简化为 $1-2S < R(1-2S)$，即 $(1-2S)(1-R) < 0$。但 R 是一个概率，所以不可能大于 1，因此，$1-R$ 不能为负，所以需要 $1-2S$ 为负，则 $S > 1/2$。——原注

② 条件 $p/(1-p+p^2) > 1/2$，即 $(3p-1-p^2)/(1-p+p^2) > 0$。由于 p 介于 0 和 1 之间，$1-p+p^2$ 总是为正。要满足条件 p 在 0 到 1 之间，$3p-1-p^2$ 为正，则 $p > (3-\sqrt{5})/2$。——原注

去伪存真

对于统计学来说,最有趣的困惑之一是:随机分布究竟是什么？假设现在要求你来判断一个特定事件的发生顺序是不是随机的,那么你一定希望能找到一个模式或其他一些可预测的特性,以证明它不是随机的。让我们以硬币两面"正面(H)"(头像面)和"背面(T)"来做一个列表,假定它是抛硬币后的序列结果,没人能区分它和真正硬币抛掷结果的差异。下面是 3 种假定的 32 次抛掷硬币后得到的可能结果:

THHTHTHTHTHTHTHTHTTTHTHTHTHTHTHTHH

THHTHTHTHHTHTHHHTTHHTHTTHHHTHTTT

HTHHTHTTTHTHTHTHTHTHTTHHTHTHTHTT

这个结果有问题吗？你认为它们是真正抛掷硬币后得到的正反面的随机结果,还是拙劣的伪造？为了便于比较,下面还有 3 个可供选择的序列:

THHHTTTTHTHTTHHHHTTHTHTHHTTHTHTHHHHT

HTTTTHHHTHTHTHHHHTTTHTTTHHTTTTTH

TTHTHHTHTHTTTTTHTTHHTHTTHTTTTTTTHH

如果你询问普通人这 3 行序列是不是真实的随机结果,大多数人可能会说"不"。前面一组的 3 行序列看起来更像是随机的,T 与 H 有更多的交替,没有

像后面一组的 3 行序列那样出现连续的 T 和 H。如果用电脑键盘"随机"输入 H 和 T 字符得到一个长串,大家一般会交替输入 T 和 H,以避免出现相同字符的长串,否则会"感觉"似乎有意应用了某种相关模式。

但令人惊讶的是,第二组 3 行序列却是真正的随机结果。第一组的 3 行序列,虽然它是不连贯的模式,没有连续的 T 或 H 长串,但事实上是伪造的,是有人写下来欺骗你们的。一般认为随机序列中不会出现连续的 T 或 H,但它们确实出现了——随机序列的真实性遇到了严峻考验。抛硬币的过程没有记忆,每次抛出得到 T 或 H 的机会都是 1/2,无论上一次抛的结果是什么。每一次都是独立的事件。因此,出现 r 个 H 或 r 个 T 的概率可由以下的乘积得到:$1/2 \times 1/2 \times 1/2 \times 1/2 \times \cdots \times 1/2$,乘 r 次,就是 $(1/2)^r$。但是,如果我们抛硬币 N 次,就有 N 个不同的 H 或 T 组成的串,其中有一段出现 r 个相同字符的机会增加为 $N \times (1/2)^r$,当 $N \times (1/2)^r$ 几乎等于 1 时,就会得到一长串 r 个相同字符,也就是当 $N = 2^r$ 时。这很容易理解,如果你看一下 N 次随机抛硬币的结果序列,你会发现个数为 r 的相同字符长串,其中 $N = 2^r$。上述所有 6 个序列的长度 $N = 32 = 2^5$,因此,如果它们是随机产生的,就有很大可能包含 5 个连续的 H 或 T 的长串,而且几乎可以肯定会出现长度为 4 的相同字符的长串。例如抛 32 次硬币,其中会有 28 个起始点允许连续 5 个 H 或 T,并且长串的 H 或 T 出现两次也是很有可能的。当抛掷的次数增大,我们就可以忽略投掷次数和起始点数目的差别。让我们使用 $N = 2^r$ 这一方便的法则来检验某一序列是否属于随机产生的:第一组的 3 行序列中没有出现连续 H 或 T,所以你应该感到怀疑,并开心地发现第二组的 3 行序列可能是随机性的。这里我们得到的教训是:人们对随机性持有偏见,直觉地认为它比真实情况更有序。这种偏见通过我们对极端情况的期望体现出来:随机情况下不应该出现由相同字符组成的长串——无论如何,这些长串应该是有序的,因为每一次抛币结果概率相同。

当你看见一长串的比赛成绩时,上述讨论会让你记住一些有趣的结果。有一个著名的连败纪录让相信随机概率的人跌破了眼镜。侯赛因在担任英格兰板球队长的 2000—2001 年间,从抛掷硬币开始就一直失利,连续输了 14 场国际比赛。引人注目的是,期间他先是连续输了 7 场比赛,接着错过了一场比赛,而替补队长赢得了这场比赛。在接下来的比赛中他又连输了 7 场。从抛掷硬币方式看,他只有 16384(2^{14})分之一的概率连续输掉 14 场比赛。然而,由于他作为队长已经带领英格兰队打了近百场比赛,连续输 14 场的概率会快速减小,大约只有 0.006。这依然是非常小的概率,可见他的运气有多糟!

体型与体重

随着年龄的增长,我们的身体也变得更加强壮。在我们周围也经常看到很多这样的例子,伴随着成长,实力也得到增强。一只小猫可以让它那尖尖的小尾巴保持直立,而比它体型大得多的猫妈妈却做不到,她只能将尾巴蜷曲起来放在身下。这个例子说明力量并不与体型的增大成正比。一般认为拳击、摔跤和举重项目需要按运动员的体重分级进行比赛,因为较重的运动员具有更强的力量。那么,体重或身高的增长与力量的增长之间有什么关系呢?

举一个简单的例子来说明吧。拿一根短面包棍,将它折成两段,然后换一根长一些的面包棍做同样的事。如果仍然握在距折断点相同距离的地方,你会发觉长面包棍并不比短面包棍更容易折断。反思一下为什么会这样? 面包棍沿着开口处断开,这个动作的结果是:面包中的分子链被打破、折断。断面以外其余的面包部分是无关紧要的,即使是 100 米长的面包棍也不会更难折断。面包棍的强度是由其断面上必须被打破的分子链数量决定的。断面面积越大,需要打破的分子链越多,则面包棍的强度就越大。因此,强度与横截面的面积成正比,而面积则与半径的平方成正比。

面包棍和举重运动员都有一个恒定的密度,这个密度由组成物质的原子密度决定的。密度等于质量除以体积,也就是与大小的立方成反比。地球表面的

质量与重量成正比,因此估计一个近似球状物体强度的"经验法则"是:

$$强度 \propto (重量)^{2/3}$$

应用这一简单的经验法则可以让我们明白很多事情。强度与重量的比值关系为强度/重量$\propto(重量)^{-1/3}\propto 1/(大小)$,所以当身体成长起来后,力量的增加并没有跟上体重的增加。如果身体大小均匀地扩大,最终会因太重而折断骨骼。这就是为什么地球上任何由原子和分子构成的物体的大小都有一个上限,无论它们是恐龙、树木还是建筑物。如果形状和大小同比例无限增大,那么当重量足以破坏肌体的分子键时,它们将会因自己的体重而坍塌。

在某些体育比赛中,运动员会因身高体重而获得优势,因此选手必须按照体重分为不同的等级进行比赛。根据我们的"经验法则",当被举起物体质量的立方等于举重运动员质量的平方时,我们可以得到一条直线。

根据近期男子重量级挺举世界纪录成绩与运动员体重绘制的曲线(图41.1),你会发现与上述经验法则的结论是吻合的。数学有时可以让生活更简单。以举重运动员为例,优秀选手举起的重量会在我们经验法则曲线的上方。偏离曲线

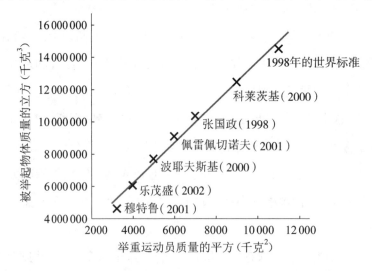

图 41.1

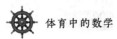

上方越远,证明选手越强。体重最重的选手举起了最重的重量,但当考虑到他的体重时,他却可能是实力最弱的一个①。

---

① 1896—1932 年,绳索攀岩是奥运会的比赛项目。选手们必须以最快速度爬上 14 米长的绳子的顶端。这个赛事是力量和体重之间的直接较量。体重越轻,选手的竞争力越强。——原注

减缓冲击

我们大多数人都熟悉网球拍或棒球棒的"甜蜜点"——最好的击球位置。"最好"的意思是指球撞击此处时,握着球拍或球棒的手不会受到反作用力。这个点位于球拍/棒的某一处,在这个位置上,入射球的冲力,正好与球拍/球棒绕重心旋转产生的力的方向相反,而且大小相同。物理学家把这个"甜蜜点"称作"碰撞中心",它位于网球拍或棒球棒距顶部约三分之二的地方。

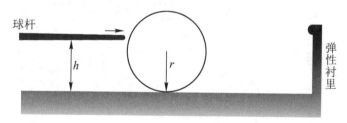

图 42.1

斯诺克台球也有"甜蜜点"。如果球杆以与桌面平行的方向击球,那么击球点决定了球的移动方式。球与桌面的接触点类似于手握球棒的那个点。很显然,如果击中球的中心,那么该球将整体滑过桌面而不会产生任何滚动。如果击球点比中心点稍微偏高一些,球会滑动并产生旋转。球上的"甜蜜点"位置就是球上的某个点,击打这个点后,球的滑动速度与由滚动引起的圆周速度大小相

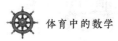

等,方向相反。球击在这个"甜蜜点"上时,球不会滑动,而是立刻开始滚动。那么这个特殊的点在哪里呢?

"甜蜜点"高出桌面的高度是:

$$h = r + I/(Mr)$$

其中 r、M 和 $I(I = 2Mr^2/5)$ 分别是球的半径、质量和转动惯量。因此,我们看到 $h = 7/10 \times 2r$,即"甜蜜点"是在高度等于球的直径的 0.7 倍(直径 $= 2r$)的位置。

我认为这等于告诉我们斯诺克球桌的四周桌沿应有的高度。理由是,为此比赛设计的台面,应该使从桌边反弹回来的球尽可能地真实而流畅。如果桌沿的高度是球直径的 0.7 倍,这意味着,当球撞到桌沿弹性衬里反弹时,它不是滑过而是滚过台面,这样的碰撞过程几乎不会损失任何能量。我去查看了比赛规则,唉!我有点失望。官方的斯诺克规则中,桌沿的高度必须为球直径的 0.635 ± 0.01 倍。好像是正确的,但似乎又不完全是。我觉得很困惑,于是我咨询了斯诺克选手及台球动力学家阿尔恰托雷,为什么是 0.635 而不是 0.7?他回答说这是考虑了一些实际的因素。桌沿高度比球直径的 0.7 倍(甜蜜点)略低一些,这样当球从桌面冲向弹性衬里(称为球槽)处反弹回来时,能减少球受到的由上向下的推力,进而减小与桌面的摩擦。

蛙　泳

在我们熟悉的游泳姿势中,按速度的降序进行排列是:自由泳、蝶泳、仰泳和蛙泳①。目前男子 50 米的世界纪录是 20.91 秒(自由泳),22.43 秒(蝶泳),24.04 秒(仰泳)和 26.67 秒(蛙泳);而女子 50 米的世界纪录是 23.73 秒(自由泳),25.07 秒(蝶泳),27.06 秒(仰泳)和 29.80 秒(蛙泳)。在 50 米距离上,无论什么泳姿,男女运动员的比赛成绩差距基本保持在 3 秒左右。

在不限定泳姿的比赛中,选手可以自由选择任一种完成比赛,但实际上选手们总是选择在水中移动最快的泳姿——自由泳。其他泳姿还有侧泳、爬泳(自由泳的手姿势加上蛙泳的腿姿势)、反蛙泳(背式蛙泳)、慢蝶泳(蛙泳的腿姿)以及其他手臂及腿部动作的组合,但这些一般用于休闲游泳或救生中。

4 种竞技泳姿都有一定的对称性。蝶泳需要完全左右对称:双臂和双腿成对,动作一致。仰泳和自由泳表现为非对称运动,左右手臂交替划水,而腿则以任意方式上下打水。自由泳有一个呼吸次数的选择:手臂每划水一次呼吸一次,

① 蛙泳、自由泳和仰泳在 1904 年圣路易斯奥运会上作为单独的赛事区分开来。海豚踢腿式的蝶泳在 1935—1936 年出现,作为创造更快蛙泳速度的一种尝试。海豚踢腿方式违反了当时的规则,1936 年柏林奥运会上,蛙泳选手采用蝶形手臂动作和蛙泳腿部动作,很快每一位蛙泳选手都这样做了,但直到 1952 年蝶泳才作为一个单独的赛事引入奥运会。——原注

或每划水 2 次、3 次甚至 4 次呼吸一次。优秀的自由泳选手倾向两侧交替呼吸，因为这样有助于保持水下身体的左右对称。同时，这 3 种泳姿都能驱动游泳选手以相对稳定的速度前进（除了在转身时）。在任何时候，只要两手对水施加一个向后的推力，身体就被施以大小相等、方向相反的向前的动力，正如牛顿告诉我们的作用力与反作用力原理一样。这 3 种泳姿还有一个共同特点，就是手臂划水后的回复动作是在水面上方完成的。

第 4 种泳姿——蛙泳是最古老和速度最慢、也是最与众不同的一种泳姿。蛙泳动作也左右对称，虽然实际上会有明显的上下摆动，但双臂和双腿的移动方向大致与水面平行，而不像其他 3 种泳姿那样是垂直于水面的。蛙泳对手臂和腿的动作对称性有严格的要求，触壁转身后，选手的肘部和腿必须始终保持在水下，头则必须始终保持在水面之上，只有这样才符合蛙泳的规范。因为蛙泳是速度最慢的泳姿，任何一点对非标准动作的改进，都可以取得非常显著的效果。在 1956 年的墨尔本奥运会上，几名蛙泳运动员在比赛中长时间地在水下潜游，这样做就不会因头部不断露出水面而产生过多的摩擦阻力，所以使水的阻力显著减少。日本游泳运动员古川胜按照当时允许的规则在水下游完了 200 米赛的前 3 个 50 米及最后 50 米的大半程。此后规则做出了改变以禁止选手使用这一类招数——尤其为了避免有些游泳选手因为严重缺氧而昏迷！过去的 25 年里蛙泳技术出现过一些小的变化，如手臂动作不断演变，每一次转身时允许做一次海豚式的打腿动作。

蛙泳也是唯一一种选手不以恒定速度在水中前进的泳姿。水的阻力总是试图使游泳选手减速。这个阻力相当大，它与游泳选手的速度成正比，游得越快阻力越大。在蛙泳动作的第一个周期，手臂向后划水而产生的力推动游泳选手加速，但当他们收起膝盖，手臂向前准备下一次划水时，会受到水流的阻碍，从而对运动员的前进产生一个反向的力。

蛙泳的速度在双臂向前伸展、双腿伸直时达到最大；而当手臂完全伸展至体

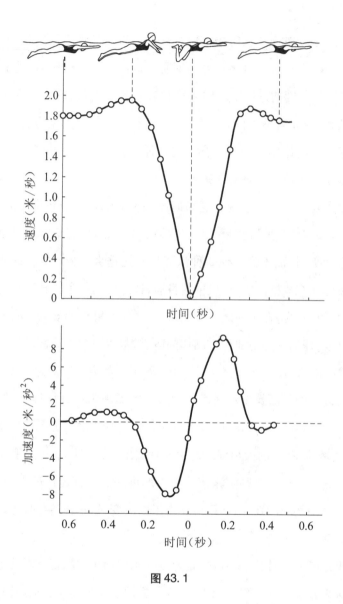

图 43.1

侧、双膝收起靠向身体时达到最小,接近于 0。这一刻,向前和向后的水流联合
作用,产生最大的阻力导致减速。当双臂向后划水、双腿向后蹬水时,身体获得
速度且速度不断增大。因此,作用在游泳选手身上的净力为 3 个力(手、脚的推
力与水的阻力)的合力,并且大小发生周期性变化,所以游泳选手的速度总是在

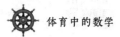

大约0—2米/秒之间变化。当然整个过程中身体不会停滞不前,因为即使合力暂时为0,但身体仍保留着前进的惯性。前面的图揭示了这种周期性变化——蛙泳是复杂的、不连贯的身体运动！这些图还揭示了蛙泳选手的速度和加速度在整个动作周期中随时间变化的情形。

比赛关键点

　　在网球比赛中,你有多少次听到解说员不厌其烦地提起那个对获胜至关重要的"关键点"(局点、盘点、赛点)？奇怪的是,有一个传统的观点——据说起源于冈萨雷斯(Pancho Gonzales)——认为,当一名球员发球时,关键点是15:30,这显然是不正确的。如果该球员丢了分,他还能在15:40时扳回来。但如果比分是15:40、30:40或者较对手更有实力的话(这实际上与30:40时是一样的),那么如果再丢分,他就会输掉这一局的比赛了。

　　网球有一个不寻常的计分系统。它本可以如乒乓球一样统计累积得分——率先得到11或21分并且比对手多出2分时赢得一局,三局两胜制。网球的记分为15、30、40,这或许是因为网球运动起源于中世纪的法国,当时场边的时钟以15分钟为刻度单位,运动员如果能够保持得分到15、30、45分钟,直至最后到敲响60分钟,就成为获胜者。据说,计分45变为现在的40是允许使用40、50和60来表示领先(从40向前进到50)和平局(从50向后退到40)。

　　网球比赛规则中的许多古老术语都具有法国血统:平局(deuce)来源于法语的"双人舞"(deux),暗示还需得2分才能赢;"love"表示"0",来源于法语的"l'oeuf"(蛋)一词,象征"0"——"鹅蛋"(goose egg)。目前love在美国体育界仍然是表示"0"的术语。甚至"网球(tennis)"这个名称据称也来自法语的"tenez"

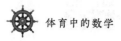

（接球），表示发球后冲着对手大声叫喊。

　　这样设置计分系统的出发点是，让球员和观众都对比赛保持兴趣。如果得分累积到一个较大的数值如21时才分出胜负，则比赛一定要经历很长的时间。但如果一名选手以0比6输了一局，而下一局从0比0开始的话，显然会激发落后者的斗志，使比赛更具竞争性。否则落后者将在0比6的巨大压力下继续比赛。赛制有时是三局两胜，而有时（仅限男子比赛）是五局三胜。如果选手水平非常接近，那么更优秀的选手可以通过多局比赛确保获胜，不会像局数少的情况下被稍弱的对手侥幸打败。相比女子项目，男子项目的比赛被视为近距离肉搏，因为女子比赛只进行三局（然而奖金数却仍然与男子相同）。对于这种不平等现象，目前似乎尚未找到一个好的解释。其实女子选手完全适合打五局比赛，尤其在决赛时应允许使用多局赛制，以相对地延长比赛时间。

风中投掷

在奥运会投掷比赛中,风的影响是极其微妙的。铅球和链球很重,风对它们的运行轨迹没有显著的影响,但标枪和铁饼的飞行遵循着空气动力学原理,会受到风向和风速的显著影响。在这些项目中,有的选手能以最佳的投掷技巧利用风的影响来提高成绩。

标枪运动员有一段30—35米的助跑距离,投掷标枪时不允许身体的任何部位接触地面或超出投掷圈。标枪必须落在一个从投掷圈起向外29°角张开、发散的安全扇形区内,落地时必须枪尖最先触地。标枪相对于地面的初始速度大约只有四分之一来自运动员的助跑,其余的速度归功于投掷手臂。曾经的奥运会冠军卢西斯仅仅助跑三四步就投掷出标枪。优秀的标枪运动员拥有非凡的手臂甩动速度,并不像铅球运动员那样使用蛮力。然而,突然的投掷动作会对手臂和肩部肌肉施加巨大的拉力,运动员的职业生涯很可能会由于手臂或肩部肌肉的拉伤而过早结束。

男子标枪的重量仅为 800 克(女子为 600 克),比铅球、铁饼和链球轻得多——即使正常体形的运动员在这个项目上也有机会。有史以来最伟大的标枪运动员是捷克的泽利兹尼(Jan Zelezny),现在他是国际奥委会成员。他赢得了1988 年奥运会银牌,1992 年、1996 年和 2000 年的奥运会金牌,他的体重只有 88

千克,身高 1.86 米。他创造的世界纪录成绩为 98.48 米。

在明显有风的环境中投掷标枪时,最好沿着一个稍微平坦约 35° 仰角的方向投掷(比在无风时的 44°—45° 要小)。这样标枪在空中飞行的时间更长,距离更远。一个优秀的标枪运动员在投掷时会确保枪身略微朝下,与标枪重心的飞行轨迹成 10° 左右的夹角——即所谓的"攻角",如下图所示。这样能使标枪在飞行时枪头总是向下,落地时斜插在地面上。

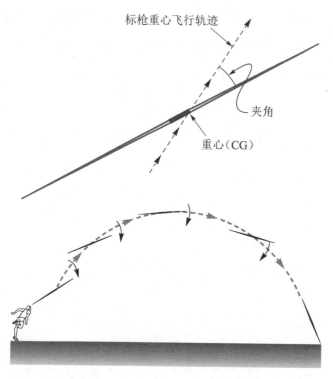

图 45.1

确定标枪轨迹的一个关键因素是重心的位置。早在 1984 年,民主德国运动员霍恩(Uwe Hohn)的惊人一掷达到了 104.8 米——创造了一项新的世界纪录。这对于比赛场上的裁判员和其他项目的运动员来说实在是太危险了。当时,标枪像一枚失控的鱼雷着地并且高速滑过草坪。标枪落地时是否应插在地上也是一个颇有争议的话题,裁判员和竞赛选手很难在此问题上达成一致。霍恩掷出的标枪很可能会铲掉地面草皮,最终击中跑道上或跳高区中的观众。1986年枪身发生了变化,其重心向前移了4厘米,尾部重新设计,减小了空气动力。1999年以同样的方法重新设计了更小的女子标枪。新的标枪不会在空中飞行太久,飞行结束前会骤然减速,而且总是以一个陡峭的角度插入地面。霍恩的伟大纪录载入史册,并开创了一个新时代。然而,尽管重新设计的标枪减少了10%的投掷距离,泽利兹尼于1986年投掷新型标枪时距离还是超过了98米,安全问题再次显现——但在之后15年的时间里,还没有人能够超越他的纪录。

双冠联赛

　　1981 年,英国足球协会对联赛记分方式做了彻底的改变,鼓励进攻型打法。他们提出获胜队得 3 分,不再是以往传统的 2 分。一场平局仍然只得 1 分。不久,其他国家纷纷效仿,从而使这种记分方式成为目前足球联赛中普遍的记分方法。我们感兴趣的是,这种记分方法对于一支普通球队来说,在多大程度上可以刺激他们赢得比赛。当赢一场比赛获得 2 分时,很容易在 42 场比赛中获得 60 分而赢得联赛,所以一支球队从所有平局中得到 42 分就可以位列联赛排名的前一半——实际上,切尔西队在 1955 年以史上最低分 52 分赢得了旧英甲联赛的冠军。现在赢一场得 3 分,一支球队必须在 38 场比赛中得分超过 90 分才能成为冠军,而全部平局的球队将会发现 42 分处于倒数第三或第四的位置,只能争取保级。

　　考虑到这些变化,让我们想象有这样一次联赛,足球协会在该赛季的最后一天终场哨声吹响时才决定改变评分系统。在整个赛季中,他们已经采用了赢一场得 2 分、平得 1 分的计分系统。一共有 13 支球队参赛,互相比赛一次,所以每支球队打 12 场比赛。全明星队在整个赛季中赢 5 场输 7 场。值得注意的是,在这个赛季中,其他球队间的比赛均打成了平局。因此全明星队得分总计为 10 分。所有其他球队从他们的 11 个平局中得分 11 分,而其中有 7 支球队在与全明星队比赛中得 2 分,因此这 7 支球队获得 13 分;另外 5 支球队输给全明星队没有得分,因此这 5 支球队获得 11 分。结果,所有这些球队的得分都比全明星队高,全明星队则在联赛中垫底。

正当全明星队打完最后一场比赛,沮丧地回到更衣室,意识到他们在联赛中垫底,将要面临降级和遭受某些可能的经济损失时,听到了这个消息:协会刚刚投票决定采用新的评分方法,并将应用到本赛季所有的比赛中。为了奖励进攻型打法,赢一场球队将得 3 分,平局得 1 分。全明星队迅速开始重新计算。现在他们从 5 场胜利中得到 15 分,其他球队从 11 场平局中各得 11 分。但现在 7 支击败了全明星队的球队得 3 分,而输球的 5 支球队什么也得不到。因此,无论如何,所有其他球队的得分只有 11 分或 14 分,全明星队现在成了冠军!

网球拍

有些物品比较难移动,大多数人认为,唯一的理由是质量:质量越大,越难移动。但是,试着移动大量不同类型的重物后你会发现,质量的分布也起着至关重要的作用。质量越是向中心集中,该物品越容易移动,并且滚动起来会越来越快。注意观察滑冰者的旋转过程,开始旋转时他们双臂向外张开,然后渐渐地收向体侧,结果他们旋转的速度越来越快。因为溜冰者的质量在向中心集中,所以他们的转动速度在加快。与此相反,坚固建筑物大梁的横截面一般为 H 形,这样能够使更多的质量分布在远离中心的位置,从而使之更难以移动,受力时更难以变形。

物体"抗拒"移动的特性称为"惯性",通常,它由该物体的质量及其分布决定,而质量分布又由该物体的形状决定。如果我们想象旋转一个物体,网球拍将是一个有趣的例子。它的形状很奇特,可以按照 3 种不同的方式进行旋转:可以把网球拍平放在地板上,使其围绕中心旋转;也可以使网球拍头部着地竖起来,转动球拍柄使其旋转;还可以拿着球拍柄,将球拍抛向空中,使其在空中翻腾旋转,然后等它落下再握住球拍柄。在三维空间的 3 个转轴中,每个轴都与其他两个轴相互垂直,网球拍可以绕其中任何一个轴旋转,因此它有 3 种旋转方式。球拍绕着不同转轴旋转的行为方式完全不同,因为其质量沿不同转轴的分布方式是完全不同的,因此它在绕各个转轴旋转时惯性也就完全不同。

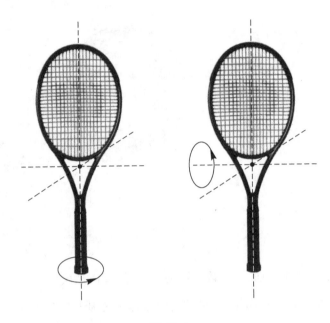

图 47.1

旋转网球拍的 3 种不同动作表现出一个显著的特性。绕轴的转动惯量为最大或最小时,运动是简单的。当球拍平放在地面上或像陀螺一样垂直旋转时,它的表现就是如此,没有什么不寻常的。但是,当它的旋转轴介于上述两轴之间,这时它的转动惯量介于最大和最小之间时,不寻常的情况发生了。握住球拍柄,使球拍头部水平,如同拿着一个煎锅一样,用粉笔在正面做个记号,然后抛掷网球拍使其完成 360°翻转后再握住手柄,这时用粉笔做过记号的一面会朝下。

黄金法则是指,转动惯量处于最大最小之间时,绕轴的旋转是不稳定的,即使最小的偏离也会导致翻转。不过有时候这是件好事。如果一名体操运动员在平衡木上翻筋斗,那么他同时做一个转体动作会留给人们更加深刻的印象(能得很高的分)。其实这种转体是自动发生的,如果运动员想调节身体恢复平衡,就必然转动身体。如果一名高台跳水运动员想做一系列快速翻腾而没有任何扭转的动作,他就必须蜷曲身体,这样绕轴的转动惯量最小,就不会出现任何扭转动作了。

体重问题

一些体育项目特别关注力量。正如我们前面看到的,有的关注运动员的体重和身材,并且规定只有体重相似的运动员才能互相比赛。最明显的例子是举重和一些格斗性的项目,如拳击、摔跤和柔道等。甚至在非奥运的赛艇比赛中,还设立了单独的轻重量级选手组。不同重量级的选手的体重差异很大,因此选手们需要很小心地控制自己的体重,以免比赛时分入另一个重量级。

把选手分成不同重量级的原因很简单,块头越大的人应该越强壮。我们知道,人的力量是体重的2/3 次幂,所以一个人力量的立方就等于他体重的平方。举重世界纪录的趋势可以很好地证明这条简单的法则。

这一切看起来公平合理,虽然我们也发现,举重运动员的实际体重大多接近他们重量级组的上限[1]:他们希望靠增加肌肉来获得尽可能大的力量。但是当我们观察奥运体育项目中的田赛时,情况似乎不一样了。铅球、铁饼、链球运动

---

[1] 在1904 年奥运会上,美国拳击选手柯克(Oliver Kirk)获得了最轻量级和轻量级两个级别的金牌,这是拳击选手唯一一次获得如此殊荣。——原注

员不分重量级①,这样做导致的一个后果就是这些运动员的体型都很庞大。如果一个人拥有轻量级拳击选手或花样滑冰运动员那样的身材,却渴望成为一名铅球运动员,那基本上没有希望。随着体重增加(因此肌肉也增加)而增加的力量促使轻量级选手远离这些运动项目,而重量级选手则被鼓励通过训练和饮食增加肌肉。

明白一点很重要:投掷选手绝不是笨重的庞然大物,在投出手里的器械之前,他们在投掷圈里完成了很多动作,以产生超乎寻常的速度。很多年以前,在水晶宫体育场举行的一次国际邀请赛上,铅球选手(后来成为"世界上最强壮的人")凯普斯(Geoff Capes)向著名长跑运动员福斯特(Brendan Foster)发出了著名的 200 米短跑挑战。事件可能起因于电视评论员对于凯普斯的错误评论。凯普斯身高 6 英尺 7 英寸(2.01 米),体重 23 英石(约 146 千克)。当时福斯特是 3000 米跑的世界纪录保持者,并且在 1500 米、5000 米和 10000 米等项目上赢得过许多奖牌。大多数人都赌福斯特在短跑赛中会以很大的优势战胜凯普斯,然而令大家吃惊的是,福斯特被凯普斯远远地甩在了后面,凯普斯飞一般地在短短的 23.7 秒里跑完了 200 米全程。短跑也是与力量有关的。

估算体重如何转化为更强的投掷能力很简单。在链球这样的比赛中,运动员用力使链球绕圆周运动。通过一圈圈的连续旋转,链球被不断加速,并在一个规定的扇形区域中以最佳角度抛出去,之后它将沿抛物线飞行。掷链球的运动员要避免踏出投掷区。身体强壮的运动员能使链球以更高的速度旋转,所以能够以更大的速度抛出链球。如果忽略空气阻力的影响,链球的抛射距离与释放时速度的平方成正比,如果链球绕圆周运动的半径保持恒定,那么转动速度的平

---

① 质量为 m 的链球在一个半径为 r 的圆圈里以速度 v 转动,所需的力 F 为 $F = mv^2/r$。如果手臂保持伸直,链球链完全绷紧,则 r 保持不变,$F \propto v^2$。当链球以速度 v 抛出后,抛出距离 R 与 v^2/g 成正比,其中 g 是重力加速度。因为质量为 M、体重为 Mg 的投手的力量 F 估计与 $(Mg)^{2/3}$ 成正比,所以我们可以看到 $R \propto v^2 \propto F \propto (Mg)^{2/3}$。——原注

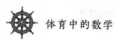

方就与投掷者的力量成正比(可以根据选手能够提起的重量来衡量)。我们已经知道,投掷者的力量是他体重的 2/3 次幂,所以可以得出结论,在其他条件不变的情况下,体重增加会使投掷的距离也相应地增加[1]。显然,体型很重要——而且相当"重"要。

---

[1]　早在 1912 年的斯德哥尔摩奥运会上,铅球、铁饼和标枪比赛中有双手投掷项目。每位选手分别使用左手和右手进行投掷,距离总和最大者获得胜利。——原注

史上最诡异的
足球比赛

　　足球比赛一般只有一个赢家,你知道最诡异的足球比赛是哪一场吗? 就是格林纳达队和巴巴多斯队在 1994 年壳牌加勒比杯赛上的那场臭名昭著的遭遇赛。杯赛在最后的淘汰赛前要进行小组赛。在最后的小组赛中,巴巴多斯队必须以两个净胜球打败格林纳达队后才能获得进入下一阶段比赛的资格。如果不能净胜两球,格林纳达队将取代他们而晋级。这听起来很简单,不太可能出错吧?

　　唉! 新规则遭遇了出乎意料的报复。联赛的组织者之前推出了一个新规则,为了体现更公平的净胜球优势,加时赛进球的球队可以得"金球"分。"金球"结束比赛,进球方不可能再通过比赛得 1 分,而这对打进"金球"的他们似乎不公平,因此组织者将"金球"以 2 分计。但是,看看接下来发生了什么?

　　比赛中巴巴多斯队很快就以 2 比 0 领先,有望进入下一阶段比赛。但就在离整场比赛结束前 7 分钟时,格林纳达队扳回一球,比分为 2 比 1。巴巴多斯队可以努力再进第三个球以获得晋级资格,但没那么容易,因为只剩下几分钟了。这种情况下,如果巴巴多斯队把球攻进自己的球门,与格林纳达队打成平手,那么就有机会在加时赛中获得"金球"得到 2 分,从而晋级。因此巴巴多斯队在剩下的最后 3 分钟里强行把球踢进了自己的球门,比分改为 2 比 2。此时格林纳达队意识到,如果他们再踢进一球(无论踢进哪个球门!)他们都能获得晋级。因为即使把球攻进自家球门,他们也能因为巴巴多斯队净胜球不够而晋级。但巴巴多斯队坚决地捍卫了格林纳达队的球门,成功阻止了后者对他们自家大门的进攻。比赛终于进入了加时赛,巴巴多斯队出其不意,在加时赛的第一个5分钟里攻入"金球",获得2分。如果你不相信,可以去视频网站上查看。这场比赛是给国际足联的"献礼"。

扭转和旋转

当轮子旋转时,决定转速快慢的因素是什么?无论对自行车公路赛选手还是场地赛选手来说,这都是一个至关重要的问题。你能通过更有效的工程设计使车轮获得哪怕是微小的优势吗?这样做要重点考虑的因素是什么?

当用力拉动一个物体的边缘使其转动时,绕轴旋转的速度并不仅仅由物体的质量决定,其质量分布也在起作用。我们已经知道,质量和质量分布两者共同决定了物体的"惯性"——即移动物体的难易程度。

我们知道,转动物体的惯性可用表达式 cMR^2 衡量,其中 M 是物体的质量,R 是半径,c 是密度系数,它取决于质量绕其中心的分布情况。对于均匀球体来说,$c = 2/5$;但对于大小相同的空心球壳来说,由于所有的质量都集中在其表面,$c = 2/3$。质量分布离中心越远,c 越大。空心球比同质量、同半径的实心球的惯性更大,滚动得更慢。该原理也适用于比较空心圆环(MR^2)和实心圆盘($MR^2/2$),这非常类似于两种不同的自行车轮。我们每天骑的自行车的车轮是由质量很轻呈放射状的辐条及轮毂组成的,相比于实心圆盘式车轮,空心盘对踏脚板上的力的响应会慢一些,因此比实心圆盘车轮具有相对更大的惯性,这也是为什么高级别的自行车比赛采用实心盘式车轮的原因。实心盘式车轮的惯性小,当踏脚板受的力传递到链条时,车轮转动得更快。但自行车采用实心盘式前轮是非常不切

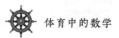
实际的,除非车手总是沿完美的直线前行,或总能保持车轮垂直于赛道表面。实心盘式车轮极易受到流动空气的干扰,只要出现轻微的方向偏差,车轮就会扭动,导致车身倾侧。这就是为什么在公路自行车比赛中你只能看到后轮使用实心盘式车轮的原因。

图 50.1

任性的风

观看体育比赛的观众担心的是下雨或天气太冷,而选手们通常最关注的是风。短跑运动员喜欢顺风,前提是风没有强烈到影响比赛成绩的有效性。但跑一圈或多圈的选手则讨厌风,风使运动员速度减慢,并容易造成疲劳。不过在田径赛场上的不同赛事中,有时风的影响并不那么明显。

在 100 米和 200 米短跑、110 米栏、跳远和三级跳远等项目中,存在"风助"的标准,如果风力超过 2 米/秒,比赛成绩在纪录里无效[①]。如果比赛时顺风,成绩上标注一个" + "号,而逆风时则标注一个" - "号。跳远比赛中,如果当时是 +5 米/秒的风速,即使选手跳出 9 米远的成绩也不能成为世界纪录,不过这并不影响数据在当场比赛中的有效性。如果其他选手后来比赛时风速降到了 0,那只能说他们的运气太糟糕了。短跑决赛之前要经过多轮的预赛、复赛,过程冗长不堪,特别令人烦恼。8 组预赛中获得进入下一轮资格的运动员必须是"每组的前三名再加上 8 组中没有进入前三的成绩最好者"。如果风速在不同组进行比赛时

[①] 在 20 世纪 30 年代,时间只能记录到 0.1 秒,成绩也只有提高 0.1 秒才算打破纪录,而国际田联第一次大会规定世界纪录承认的最大顺风速度为 1 米/秒,因此风力无助于破纪录。然而在 1936 年的国际田联大会上,他们将允许的风速改为 2 米/秒,从此以后一直保持不变,虽然现在时间记录仪器的精度已经达到 0.01 秒。——原注

发生变化，那么对未进入小组前三的选手来说，可能会因为没有从强顺风中受益而遭到淘汰，这对他们来说显得非常不公平。通常情况下，2 米/秒的顺风会使 100 米短跑的成绩快 0.1 秒，而 2 米/秒的逆风会使成绩慢 0.1 秒以上[①]。

在 200 米比赛中，风向是一个更为重要的影响因素，因为运动员从相互错开的起跑点起跑，只有一半的路程是直线跑道。跑在不同的弯道上时，运动员们或多或少能感受到有逆风或顺风吹在脸上或背上。

110 米栏项目必须考虑风这一新因素。虽然顺风能使运动员跑得更快，但很可能不受欢迎。高大的跨栏选手经过无数次的训练，已将一个非常精确的跨步步伐模式印记在大脑和神经系统里，当吹起较强的顺风时，你会看到很多跨栏被踢倒，因为选手在栏前起跳时已经被风吹得离栏太近。在过去，如果踢翻一个跨栏，再好的成绩也不会载入奥运会纪录（虽然仍然可以获得比赛的冠军）。1924 年的奥运会纪录采用的是第三名的成绩，因为第一名撞倒了一个跨栏，第二名使用了不当的跨栏动作。

类似的情况也发生在跳远和三级跳远中。跳远运动员精确地规划他们的助跑步伐，从而使踏在木质起跳板上的起跳脚尽可能靠近区分是否犯规的橡皮泥起跳线。强大的顺风会使运动员接近起跳板时步伐显著加快，因而更有可能踩上犯规线。但如果起跑点调整得好，借助于顺风的选手可以获得更大的向前起跳速度和更长的有效腾跃距离。如果是逆风的话，运动员的脚有可能距离起跳线较远，起跳速度也变慢，选手会因较小的起跳速度和过早的起跳而影响成绩。

撑杆跳运动员助跑时也可以从顺风中获益，顺风会改变起跳能量和净高，因为这两者取决于起跳速度的平方（就像跳远）。不过撑杆跳比赛没有制定"风助"标准以判断成绩的合法性。

---

① 在顺风风速为 v' 时以速度 v 奔跑，他受到的阻力与 $(v-v')^2$ 成正比，而在风速为 v' 的逆风中跑步时，受到的阻力与 $(v+v')^2$ 成正比，因此我们看到，如果 $v=10$ 且 $v'=2$，则顺风的阻力与 64 成正比，而逆风的阻力与 144 成正比，因此是不对称的。——原注

在有风的情况下绕跑道跑一圈,肯定比在无风情况下以同样速度跑一圈费力。设想在一个正方形的跑道上,风以速度v'从平行于跑道的一边吹过来。围绕其四边跑一圈(一边受到顺风,一边受到逆风,另外两边受到侧风,如下图所示)的功率(力×速度)计算如下:当速度为v时,功率与$v^3 + (v - v')^3 + v^3 + (v + v')^3 = 4v^3 + 6vv'^2$成正比。你会注意到,无风状态下的总功率(与$4v^3$成正比)总是比上述计算结果小。顺风中的获益不能弥补因逆风而产生的负效应。所以一名运动员最好的策略是:在逆风跑时利用前面的选手做"挡风牌",然后在转到顺风跑道上时,确保身后没有一名选手。

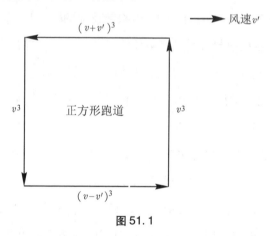

图 51.1

　　最后,关于径赛"风助"要说的最奇怪的事情,是测量的精确性。运动员的比赛成绩精确记录到百分之一秒,这是一项非常复杂的电子工程,只有这样才能准确记录运动员的反应时间,排除百分之一秒间发生的抢跑(顺便说一句,在古希腊运动会上,抢跑是要被执法官抽鞭子的!)。相比之下,风速测量的精度则相差甚远。按照要求,风速测量仪的精度至少应达到 0.2 米/秒才可以作为计时工具,而研究发现,官方测量风速的方法是在 100 米直线跑道的 50 米处使用国际田联认可的管式旋桨风速计进行测量,其精度只有 ±0.9 米/秒。这就类似于使用精度只有 0.05 秒的计时器。由林森纳(Nick Linthorne)开展的一个关于风速仪使用的实验发现,风速在进行 100 米比赛的 10 秒钟内会出现明显的变化。

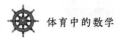

在 100 米直线跑道的不同位置上放置风速仪可以测出风速的显著差异,这就是为什么要有 ±0.9 米/秒的不确定性。200 米比赛中没有以同样的方式进行过研究,但毫无疑问,风速变化将更为复杂。不同跑道上的选手对风的感觉也是不同的,当第一跑道上的选手处于"正常"状态时,同时在第八跑道上的选手可能正享受着"风助"。

帆板运动

帆板运动很累,不过在温暖的加勒比海开展帆板运动很诱人。英国海岸附近的海水温度较低,海水也不那么清澈,不大适合帆板运动。帆板比赛自 1984 年以来一直是奥运会比赛项目,人们也一直在努力确保该项目能留在奥运会中,因为自 1990 年以来,装备的商业化纠纷(以及不断上升的成本)导致该项目的人气不断下降。

进行帆板比赛时,运动员要操控帆板快速通过一个梯状水道(和长跑比赛一样)。每一轮(完成一圈)用时 30—45 分钟,选手们每天要进行多轮比赛,累计用时较少者获胜。帆板运动是一项艰苦的耐力性比赛,而且必须进行全天候训练。比赛中选手站在冲浪板(长约 2—4 米)上,通过拉动连接板和桅杆的帆杠保持平衡。这需要力量和平衡能力。后面我们将计算到底需要多大的力量。

图 52.1 为运动员在操控帆板前进时,保持平衡的几何示意图。

因为桅杆和帆相比选手轻了许多,我们忽略它们的质量。(吊杆、桅杆和帆的总质量大约为 10 千克,但选手的质量约为 65—70 千克。)这里有 3 个主要的作用力:选手的体重 $W = Mg$;帆板对脚的反作用力 R;选手的手臂拉力 P。如果需要这些作用力在垂直方向上达到平衡,则 $Mg = R\sin A + P\sin B$。同时水平方向上的作用力也要达到平衡,因此还需要 $R\cos A = P\cos B$。综合这些因素,我们可

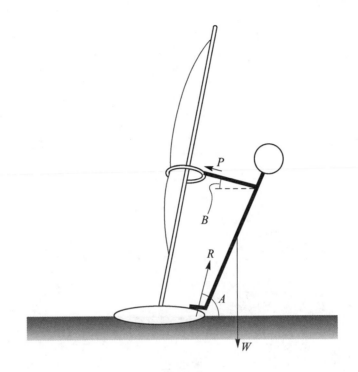

图 52.1

以计算出选手手臂应施加的力与体重的关系为：

$$P = Mg/(\sin B + \cos B \tan A)$$

为了达到稳定状态，最后一个要考虑的因素是作用力的力矩，比如选手脚部的受力力矩之和必须为零，否则会有一个总扭矩使他迅速跌落水中。我们需要知道他的体重和手臂拉力的力矩（力×距离）。反作用力直接作用于我们欲求力矩的作用点上，所以力矩为 0，不做任何贡献。力矩等于作用力乘以力到作用点的距离，作用力等于体重和拉力在垂直于作用点与腰部连线方向上的分力。如图 52.2 所示。

我们将选手脚部到他质量中心的距离标注为 D，S 为质量中心到肩部的距离。我们要求体重的力矩精确地与相反方向上手臂拉力的力矩相抵，由此得到如下等式[1]：

---

[1] 请注意 $\cos(90° - B - C) = \sin(B + C)$。——原注

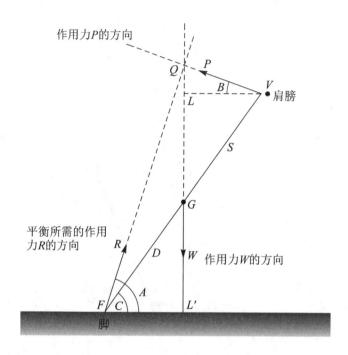

图 52.2

$$Mg \times D \cos C = P \times (D + S) \sin (B + C)$$

如果把这个表达式和用体重表示的 P 的表达式结合起来,我们得到[①]:

$$\tan A = (S/D) \tan B + (1 + S/D) \tan C$$

这是一个有用的公式,因为我们可以测量一名典型帆板运动选手的 S 和 D,并可根据他的运动照片测得角 B 和 C,这样我们就能够利用上面的公式计算出角 A——通过它的正切,然后就能得到最初需要计算的 P 值。通过 P 值我们就知道了水平和垂直方向上平衡力的大小。

如果设定标准帆板运动选手的质量是 70 千克,脚部到其质量中心的距离为 1.5 米,质量中心到他肩部的距离为 0.5 米,则 $S/D = 1/3$。如果测得角 $B = 45°$,

---

① 我们也使用这个公式:$\sin(B + C) = \sin B \cos C + \sin C \cos B$。——原注

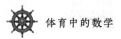

角 $C = 30°$[①] , 那么 $\tan A = 1.1$, 则 $A = 48°$, 所以作用力 $P = 0.67Mg$ 。因此选手需要提供的力大约是体重的67% , 并且要持续相当长的一段时间（如果考虑风和海浪的变化，则可能要求更长的时间）。对于一名70千克的帆板选手来说，这个力大约为47千克——英国航空公司的免费托运行李限制为23千克——这项看起来非常有趣的运动，实际上对选手的身体要求是非常苛刻的。

---

① 请注意 $\tan 45° = 1$, $\tan 30° = 1/\sqrt{3} = 0.58$ 。——原注

赢得奖牌

　　长期以来,体育一直是一个国家用于争夺国际威望和大国地位的武器。尽管东欧社会主义国家过度控制体育的行为已经成为历史,但即使是富裕的发达国家,也总是希望永驻奖牌榜首位。特别是东道主,几乎在每一项赛事中都派遣选手上场,因为相比其他国家花巨资从地球的另一头将运动员运送过来,东道主的成本更低。假设你被任命为主教练,手握一张巨额支票,并被告知要在未来的4年或8年时间里,为你的国家在奥运会上赢得尽可能多的奖牌,你应该怎么做呢?如果看看中国为北京奥运会所做的准备(似乎有无限的预算),你可能会得到一些启发。

　　首先,你可能要选择较少国家参与的项目。比起足球、拳击或田径等,跳水、赛艇和自行车赛是相对较划算的下注对象。通常情况下,不流行的体育项目需要的设备费用比较高(例如高台跳水、八人赛艇等),所以在这些项目上你可以将资金优势坚持到底。由于气候或文化的原因,有些项目会不流行,如很少有非洲的游泳选手、尼泊尔的赛艇选手和牙买加的滑雪选手。

　　其次,也是最重要的一点,你需要考虑如何在不同项目中取得成功。在任何情况下,天赋加勤奋是必需的。在天赋方面你能做的就是设计一个能够发现天才并培育天才的计划。但如果一个人跑100米需要9.5秒,或跑1500米需要3

分 26 秒,你的天才发现系统是不成功的:要求他达到与飞人博尔特或奎罗伊那样的水平显然不切实际。所以你赢得奖牌的战略应该有所改变,选择通过刻苦努力、精心设计的计划和团队合作能够得到回报的项目。北京奥运会上我们看到了中国赛艇队和举重队的巨大成功,这些都是实力得到极大提升进而成功赢得奖牌的典型项目。另外一个可以考虑的是基础能力一致、技术非常类似的比赛项目。一名运动员赢得了 100 米自由泳比赛,就很可能也会赢得 50 米或 200 米的比赛(并在接力赛中做出贡献)。对于赛艇或自行车运动来说,有可能建立一个涵盖多个项目的庞大阵容,其中指导、经验都可通用。当然也需要投入大量的训练时间——可能远远多于赢 100 米短跑比赛所花的时间——但这样就有很多优秀的候选运动员。

英国人在场地自行车赛中的成功同样说明了这个问题。场地自行车赛是只有少数国家参与的项目,赛车场馆设施昂贵。但如果在更好的教练、更符合空气动力学的自行车以及其他配套装备方面进行投资则是符合经济效益的——所有的自行车选手都能从中受益,无论他们参加哪个项目。他们利用专项设施在一起训练,这有助于团队合作和分享专业经验。通过比较我们还可以看到,田径是集合了完全不同赛事的项目:跨栏技术对标枪或马拉松运动员来说并无太大帮助,所以你若追求更多的奖牌,最好把注意力集中到那些项目多并且非常类似的赛事上。类似项目的小细节会有所不同,如跨栏距离及风格、选手的重量级别等,但加大教练的投入可使每一位选手从中获益。举重、拳击、摔跤等项目可以共享专业知识,而田径则不可能。

非洲运动员为我们提供了另一个有趣的例子。童年时代起就积极参与体育运动使得他们的天才库里人才济济——而不是整天盯着电脑屏幕。(在某些情况下)他们可能一辈子都生活、奔跑在高海拔地区。更重要的是,他们不需要特殊的装备以及昂贵的器材,只要有足够的能量以及足够强的竞争对手。最后也是非常重要的一点:很少有其他高知名度体育项目与之竞争人才。这意味着最好的非洲运动员都在从事中长跑和短跑运动。在英国,我们在众多的体育项目上进行着高水平的竞争,其结果是稀释了运动人才。为什么我们没有世界级的铅球手和链球手呢? 因为他们都成了橄榄球运动员或拳击手。在美国,体育天才都梦想成为橄榄球运动员,跳高运动员则不如篮球运动员。

为什么女子世界纪录较少

　　对体育比赛来说,吸引公众注意力、电视实况转播、广告和观众的一个关键因素就是世界纪录的诞生。这也是为什么组织者巨额奖励那些世界纪录创造者的原因(当然他们也买保险)。有一些场馆(如挪威的比斯列特体育场)具有悠久的世界纪录产生历史。有时候,体育场对世界纪录的产生有所帮助——例如它可能位于高海拔地区,球场气氛热烈,或者有良好的风力条件。

　　长期以来一直被体育爱好者所熟知却未曾被广而告之的是,比赛中男女打破世界纪录的机会有着很大的不同。下面的表格显示了所有奥运会田径比赛中最新世界纪录的刷新日期。

比赛项目	男子世界纪录刷新年份	女子世界纪录刷新年份
100 米跑	2009	1988
200 米跑	2009	1988
400 米跑	1999	1985
800 米跑	2010	1983
1500 米跑	1998	1993
5000 米跑	2004	2008
10 000 米跑	2005	1993
马拉松	2008	2003

（续表）

比赛项目	男子世界纪录刷新年份	女子世界纪录刷新年份
110 米跨栏	2008	1988
400 米跨栏	1992	2003
3000 米障碍赛	2004	2008
4×100 米接力	2011	1985
4×400 米接力	1993	1988
撑杆跳高	1994	2009
跳高	1993	1987
跳远	1991	1988
三级跳远	1995	1995
标枪	1996	2008
铁饼	1986	1998
链球	1986	2010
铅球	1990	1987
十项全能/七项全能	2001	1988

在过去不同的时间段里,男女世界纪录刷新的次数如下:

	小于 5 年	5—10 年	10—15 年	15—20 年	大于 20 年
男子世界纪录刷新次数	7	3	4	6	2
女子世界纪录刷新次数	5	2	1	3	11

要知道,女子 5000 米跑在 1995 年才成为奥运会比赛项目,而越野赛、链球和撑杆跳也是最近才出现在奥运会女子项目中。如果我们重点关注高知名度的径赛项目,如短跑、跨栏和跳高等,可以发现它们进入奥运会已经相对长时间了,很可能某项赛事的女子世界纪录被打破时,最早的一部分观众(或选手)已经不

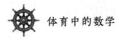

在人世了。

让我们看看跳远的世界纪录历史,它的情况看起来比较有代表性。纪录刷新的最新日期是 1988 年,在此之前,该纪录在 1982 年 8 月后 6 次被打破,是此前两年的 4 倍。显然,女子世界纪录长期未破的关键因素是 1989 年引入了更加严格的药物检测方法,并对违法者禁赛。因此一些人认为,女子体育项目最好忽略 20 多年的纪录后重新开始,才能焕发活力。他们认为,只有这样,现在和过去的选手才是在同一个公平的竞技场上竞争。

"之"字形前进

在许多团体项目如曲棍球、篮球、手球、足球或橄榄球比赛中,个人可以有出色的发挥。快速移动的明星球员沿着一个方向跑动,然后转向,接着再转向,连续穿过众多后卫后成功地把球送入对方球门。他在每一个阻拦他的对手面前毫无征兆地向左、向右,向着球门以"之"字形路线前进。如果行进路线上没有对方后卫则会直线前进,"之"字形前进比直线前进要慢,但这样可以避开对方后卫带球通过。进攻方在遇到对方后卫时有 3 种基本选择:他可以一直向前走——虚晃一下使后卫向左或向右闪开,或者凭借速度优势快速穿过后卫,或者以约 45°方向向左或向右。

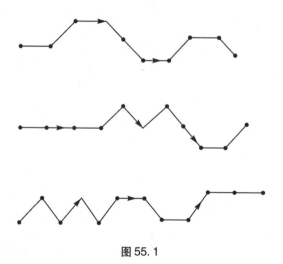

图 55.1

如果球员完全随机地奔跑,那么每次遇到对方后卫时选择 3 个方向之一的概率就为 1/3。如果奔向对方球门的路途中遇到的对方后卫人数是 D,那么进攻者能选择 3^D 种迂回路线。在足球比赛中,进攻球员可能遇到的 $D = 8$(8 名后卫,包括守门员),因此他有一个令人眼花缭乱的 3^8 种选择可用。橄榄球运动员可能有多达 3^{14} 种选择。当遇到的后卫人数变多,球员的通过路径就成为物理学里的经典问题——随机游走。随机游走就是随机地选择下一步的前进方向,它的一般特征是,需要 N^2 步走完 N 步长的距离。如果每个步长是 1.5 米,以 9 米/秒的速度沿一条直线跑 45 米,则运动员要用 30 步、5 秒时间来完成。而如果做了 8 次转向,则需要 $30 + 8 = 38$ 步到达球门,花费时间为 $38 \times 1.5 \div 9 = 6.3$(秒),即要花 1.3 秒来防止对手堵截。如果对手也以 9 米/秒的速度奔跑,那么在这段时间里,他们将跑过 11.7 米。

随意转向可能让你渐渐远离目标——球门。假设足球运动员就在中圈弧处,那么球门就在他的正前方 45 米。当他向右、向左或站立不动,他可能遇到对方 9 名防守队员。如果他的反应是随机的,他很可能偏离了从中圈弧到球门这条直线大约 $\sqrt{9} = 3$ 个步幅,即 4.5 米左右①。随机转向偏离得越远,他要躲避的拦截球员就越多(有些后卫可以返回后再次防守他)。

---

① 根据对称性,你完全有可能在中央线的左边而球门在右边,我们计算的是任一侧的可能距离。——原注

灰姑娘体育

从 1896 年第一届奥运会举办以来,有 9 个项目成为奥运比赛的核心。后来又增加了一些项目,如自行车越野赛和铁人三项。而马球、槌球和兜网球则被淘汰,而且大概再也不会回到奥运会上。2012 年夏季奥运会包括了 26 种不同的运动,细分为 36 个独立的类别,共有 300 个不同的项目。例如,自行车运动分为 4 个类别:自行车越野赛、山地自行车、公路自行车和场地自行车;水上运动分为跳水、水球、花样游泳和游泳等 4 个类别。

国际奥林匹克委员会(IOC)官方承认有大量的未进入奥运会的运动项目,IOC 在投票决定更换奥运比赛项目时,如果有项目从 IOC 得到足够数量的投票,这个"灰姑娘"就可以进入未来的奥运会。国际奥委会要求他们必须遵守奥林匹克宪章,而且设立了一个监督联合会来监督执行。一些公认的"灰姑娘"项目,比如国际象棋和桥牌,将永远不会被奥委会接受,因为它们不具有物理维度,因而不属于体育的范畴。相反,它们可以纳入一些类似于世界游戏大赛等比赛中。世界游戏大赛每 4 年一次,是由国际奥委会赞助举办的比赛,首次比赛在 1981 年举行。其他一些较具体育色彩的"灰姑娘"运动,如七人制橄榄球,在

2016 年里约奥运会期间正式成为奥运会比赛项目[①]。

目前得到国际奥委会认可的体育项目如下所示:

飞行运动	冰上曲棍球	棒球	台球
滚球	保龄球	桥牌	国际象棋
攀登运动	板球	舞蹈运动	地板球
高尔夫	空手道	合球	救生运动
摩托运动	无板篮球	定向越野	回力球
马球	机动船	网拍式墙球	轮滑运动
橄榄球	垒球	壁球	水下运动
相扑	冲浪	拔河	滑水
武术			

　　这是一张有趣的清单,有些运动大多数读者可能没听说过。那些不熟悉的运动,如冰上曲棍球,是一种俄罗斯版本的室外冰上曲棍球运动——属于冬季项目,每队有 11 名球员,在足球场大小的冰面上比赛,比赛规则在一定程度上类似于足球规则。合球是一种混合了无板篮球和篮球的运动,在荷兰、比利时非常流行。地板球(又称福乐球)就是室内曲棍球。回力球是网球的前身,像壁球那样对着墙打。在一个非常大的院子里(超过 50 米长),球员使用一个投掷长勺,以巨大的速度抛接一个皮质球(有时速度超过每小时 280 千米)。武术可以单独表演,以风格和技术得分——如同花样滑冰,也可以由两个竞争对手进行较量。

　　我不禁想到,如果被重新接纳,拔河比赛会不会成为奥运会上最受欢迎的团体项目。拔河是 1900—1920 年奥运会上的项目,英国队——最后的金牌得主——水平一流,以两枚金牌、两枚银牌和一枚铜牌占据奖牌榜首位。不过,

---

① 橄榄球最后一次出现在 1924 年巴黎奥运会上,美国队在决赛中以 17 比 3 打败法国队。这场比赛很粗野,有几名运动员受伤,还发生了严重的球迷骚乱事件,美国队在警方的保护下才安全离开球场。——原注

1900—1908 年只有 3 个国家派队参加了拔河比赛，1912 年下降到两个，1920 年召集到了 5 个国家。因此，拔河比赛从奥运会退出并不令人感到意外。不过，我们也许可以按正确的方向用力把它"拔"回来。

轮椅径赛

　　残奥会上最壮观的比赛是轮椅径赛。根据不同的残疾性质,运动员分级参加不同类的竞赛。竞争非常激烈,尤其是像 800 米这样不在车道进行的比赛。奥运会历史上最成功的个人是 39 岁的加拿大人帕蒂可莱克(Chantal Petitclerc),多枚奖牌得主,她在北京残奥会轮椅径赛中赢得了 5 枚金牌,刷新了 3 项世界纪录,自 1992 年以来取得了惊人的个人比赛纪录——14 枚金牌、5 枚银牌和 2 枚铜牌。英国的格雷汤普森也不甘落后,在连续 5 届残奥会上获得了 11 枚金牌、3 枚银牌和 1 枚铜牌。

　　正如人们所预料的,轮椅径赛对轮椅有很多详细的规定。有些是出于安全考虑——轮椅上不能有镜子,正面、背面或侧面不能有突起物;有些则是为了确保公平——没有机械转向装置,没有齿轮或杠杆。椅子主体的最大高度也有限制——只允许高出地面 50 厘米,这是出于安全考虑——椅子过高很容易翻倒。当轮胎充足气时,较大的后轮直径不能超过 70 厘米,前轮直径不能超过 50 厘米。当转动手轮驱使轮子旋转时,车轮的直径决定了车轮的速度,所以必须标准化。

　　关于轮椅结构的规定有一个意想不到的遗漏——没有对质量加以限制。竞赛型轮椅的质量可在 6—10 千克之间变化,但由墨尔本的弗斯(Franz Fuss)及其工程师团队发明的最佳新车质量仅为 5 千克。如果加上竞争对手轮椅的质量，那么比赛时总质量的差异能够达到 20 千克[①]。

为什么轮椅的质量如此重要？轮椅比赛就像自行车比赛，它受到两个阻力：空气阻力及车轮与地面间的滚动摩擦力。轮椅比自行车慢许多（速度不会超过 10 米/秒，这是 100 米轮椅比赛最新世界纪录），并且更重。有趣的是，自行车比赛用车限制质量，国际自行车联盟规定不少于 6.8 千克。

对于轮椅比赛来说，不同的速度和轮椅质量意味着空气阻力和滚动摩擦的重要程度不同。运动时轮椅和运动员所受的空气阻力是：

$$F_{阻力} = (1/2)CA\rho v^2$$

其中，$\rho = 1.3$ 千克/米^3 是空气的密度；A 是轮椅和运动员在迎风面上的横截面；C 是所谓的阻力系数，反映移动物体的空气动力学特性及平滑性；v 是轮椅的运动速度。请注意，空气阻力的计算与轮椅和运动员的质量无关，其中一些因素可以由运动员控制：比如可以改变身体姿势，使呈现在空气中的横截面积减小；避免穿着表面粗糙或衣袖飘动的运动服以降低参数 C。影响空气阻力大小的有效面积由 CA 组合决定，对于轮椅运动员来说，有效面积一般约为 0.14 米^2，因此轮椅速度为 10 米/秒时，阻力大约是 $0.07 \times 1.3 \times 100 = 9.1$（牛）。

另一个使轮椅速度减缓的因素是滚动车轮的摩擦阻力，它与轮椅以及运动员的总重量 Mg 成正比，作用方向垂直向下：

$$F_{滚动} = \mu Mg$$

其中，μ 是摩擦因数，轮椅的摩擦因数一般为 0.01。摩擦阻力与空气阻力不同，它与速度无关[②]。对于一辆载有质量为 80 千克运动员的轮椅，这个摩擦阻力大

---

① 截肢者排除在这个估算之外，他们引入更大的变量及其他稳定因素。——原注
② 依赖于滚动摩擦，有些材料可以获得额外的速度，但效果非常小（大约是 μMg 的 4%），所以我们忽略不计。——原注

约为 $F_{滚动} = 0.01 \times 80 \times 9.8 = 7.8$（牛）（重力加速度为 9.8 米/秒^2），与空气阻力的大小非常接近。不过大部分轮椅比赛的速度远低于最高速度 10 米/秒，所以滚动摩擦力将是运动员需要克服的主要阻力。例如 100 米轮椅比赛的世界纪录为 13.76 秒，平均速度为 7.3 米/秒。在这种速度下，空气阻力为最高速度时的空气阻力的 $(7.3/10)^2$ 倍，下降到 4.8 牛，远远低于滚动摩擦力。

上述计算说明滚动摩擦非常重要，它由轮椅加运动员的重量决定。运动员乘坐用牢固的轻质材料制成的高科技轮椅具有显著的优势。墨尔本的弗斯实验室前一段时间开展了详尽的实验，研究轮椅的重量对比赛的影响。他们得到结论，对于一名典型的体重为 60 千克的男性运动员来说，轮椅的重量减少 1 千克或 5 千克，会将 100 米比赛成绩提高 0.1 秒和 0.6 秒。比赛的距离越长，提高的效果越显著。我们希望技术的进步很快就会让优秀的比赛选手都拥有最轻的轮椅，由轮椅重量差异所造成的比赛成绩差异将得到有效解决。

上述这些研究忽略了一个事实：运动员体重的变化比轮椅重量的变化更重要，并且运动员之间的体重变化更大。较轻的体重可以减小滚动摩擦。将参赛轮椅的重量减轻 3 千克既耗时间又耗金钱，而运动员减轻 3 千克体重则既容易又节约。曾经有过争论，认为轮椅比赛应该按重量分级，但这将导致赛事和重量级别不切实际地扩大。一个很简单的解决方法是在比赛前确认每个参赛选手加上轮椅的重量，然后添加一定的重物，使每个选手都达到预定的标准重量。我不知道这是否会被采用。

令人期待的
铁人三项

铁人三项是奥运会最新的比赛项目,它第一次露面是在 2000 年的悉尼奥运会上。这一项目是 1978 年由圣地亚哥田径俱乐部的一组选手创造的,46 个勇敢的灵魂连续进行游泳、自行车和长距离跑步比赛,中间没有休息[①]。那年晚些时候,一项更加剽悍的"铁人"试验赛在火奴鲁鲁进行:参加者连续完成了 2.4 英里(3.9 千米)游泳、112 英里(180.2 千米)的自行车和 42.2 千米的马拉松。值得注意的是,参加的 15 人中有 12 人完成了比赛,为首的哈勒只用了 11 小时 45 分 58 秒。现在的铁人三项赛有好几个版本(最短的为"冲刺"比赛,750 米游泳、20 千米自行车赛和 5 千米跑),但我们把注意力集中在标准的奥运会比赛项目上。男女比赛都是从 1.5 千米游泳开始,然后是 40 千米自行车,再接着是 10 千米跑。胜利者为第一个完成全部项目到达终点线的选手,即完成游泳、自行车和跑步项目的时间,加上项目之间(短暂)的过渡时间最短的人获胜。

北京奥运会奖牌得主所用的时间如下表所示,分别是 3 个项目上选手所花的时间以及完成该项目的最快时间。(请注意,前 3 个时间相加不等于总时间,因为必须加上两个过渡时间。)

---

① 法国在 20 世纪 20 年代举行过类似比赛,但顺序是自行车—跑步—游泳。——原注

男子	游泳	自行车	长跑	总时间
弗罗德诺 （Jan Frodeno）	18 分 14 秒	59 分 1 秒	30 分 46 秒	1 小时 48 分 53 秒
维特菲尔德 （Simon Whitfield）	18 分 18 秒	58 分 56 秒	30 分 48 秒	1 小时 48 分 47 秒
多赫蒂 （Beven Docherty）	18 分 23 秒	58 分 51 秒	30 分 57 秒	1 小时 49 分 5 秒
整体最快	18 分 2 秒	57 分 48 秒	30 分 46 秒	
女子	游泳	自行车	长跑	总时间
思诺斯尔 （Emma Snowsill）	19 分 51 秒	1 小时 4 分 20 秒	33 分 17 秒	1 小时 58 分 27 秒
费尔南德斯 （Vanessa Fernandes）	19 分 53 秒	1 小时 4 分 18 秒	34 分 21 秒	1 小时 59 分 34 秒
莫法特 （Emma Moffatt）	19 分 55 秒	1 小时 4 分 12 秒	34 分 46 秒	1 小时 59 分 55 秒
整体最快	19 分 49 秒	1 小时 3 分 54 秒	33 分 17 秒	

此赛事的显著问题是，游泳、自行车和跑步的比赛距离是否经过公正选择？三项全能运动员有些以前是长跑选手，有些是游泳或自行车选手，他们以牺牲弱势项目为代价，花更多的时间在他们的优势项目上，这对他们总的比赛成绩来说是至关重要的。根据规则中的距离来看，获胜者只花 16.7% 的时间在游泳上，28.3% 的时间在长跑上，0.8% 的时间用于过渡，而高达 54.2% 的时间在骑自行车上。女子比赛在不同项目中的时间分配比例大致相同。

这些数据相当令人震惊。项目明显不平衡，自行车项目被赋予太大的权重，一名优秀的自行车运动员比长跑运动员和游泳运动员被分配了更多的时间在其优势项目上。

为了使赛事更公平，对优秀的游泳和跑步选手产生更大吸引力，可以让不同项目的比赛距离保持一致——但这不太明智，因为骑自行车比跑步快，而跑步比游泳快。相反,如果让运动员花在每个项目上的时间一致的话[①],则是最公平的,因为整体时间决定了获胜者的名次。可以让游泳和跑步的时间与骑自行车的时间相同,但更好的做法是保持总时间一致——如 1 小时 48 分,然后平均分配给 3 个项目,使 3 个阶段均保持相等的时间。这样每个阶段为 36 分钟,因此游泳的距离可以改为 3 千米,骑自行车的距离改为 24 千米,跑步改为 12 千米。大多数铁人三项赛的选手将会被游泳增加的长度吓得目瞪口呆,因为游泳是极其艰辛的一项运动,运动员需要同时在技术和效率上下功夫。仅仅像骑自行车和跑步那样进行训练是不够的,如果游泳技术很差,训练只能使问题更严重,技术偏差更难以纠正。

然而,这将是温和的铁人三项赛,我推荐它成为未来的奥运会项目,它将成为有史以来最公平的铁人三项比赛。

---

① 另一种可能性是计算在每个阶段所做的机械功,使它们相等。不过这很难评估,因为技术在游泳中可以发挥很大的作用。若游泳技术差,就有可能花很大的精力而游得仍很慢。必须选择对每一个项目来说都能显示平均水平的参数作为标准。——原注

疯狂的人群

如果你曾经身处一大群人中,如体育比赛、流行歌曲演唱会现场,或参加一个示威活动,那么你很可能已经经历或目睹过一些奇怪的集体行为。"人群"指尚未组织成一个整体的一群人,每个人都对自己身边发生的事做出反应。尽管如此,人群有时会大面积地一下子突然改变其行为——有时会带来灾难性的后果。一支平静的、缓缓而行的队伍可以突然变成一群惊慌失措、试图四处逃窜的拥挤人潮。了解这些动态变化非常重要,如果发生火灾或爆炸,附近有一群人,他们会如何表现? 大型体育场馆应设计什么样的逃生路线和常规出口?

有一份有趣的关于群体行为和控制的研究报告,将流动的人群和流动的液体作类比。人们起初认为,了解人群中不同人的行为是一项不可能完成的任务,因为人群对同一情况会有不同的反应,他们年龄不同,对形势的理解程度也不同。然而令人惊讶的是,情况并非如此。人们比我们想象的更相像。在一个拥挤的环境中,简单的即时选择可以迅速导致整体的一致性。当你到达伦敦一个地铁站准备去坐地铁,你会发现向下走的人选择走在楼梯左(或右)侧,而向上走的人则走在另一侧。沿着走廊排队到检票口的人群也会自行组织成两列方向相反的移动人群。人们一般从近距离观察到的情况中获取线索,这意味着他们根据附近的人移动的情况及拥挤情况做出反应。对于第二个因素的反应很大程度上取决于你是谁。如果你是一名日本经理,经常在高峰时段乘坐东京地铁,当周围都是人时,你的反应将与一个从苏格拉群岛来的游客或来自中国的学校团体截然不同。如果你正在照顾年幼的婴儿或年老的家人,那么你会选择与人群不同的方向,与家人保持联系,关注他们在哪里。所有这些变量输入到电脑里,就能够模拟人群聚集在不同空间时会发生什么情况,他们如何应对周围的压力。

就像流动的液体一样,人群也表现出 3 种状态。当不太拥挤时,朝一个方向移动的人群是稳定的——比如足球比赛结束后,人群离开温布利球场向地铁站走去。这时就像平稳流动的液体一样,人群保持大约相同的移动速度,没有出现停停走走的现象。当人群密度显著增大时,他们开始互相推搡,并开始向不同的方向移动,整体运动变得断断续续。人们停停走走,很像是一连串翻滚的波浪。人数的增加降低了前进的速度,他们有的继续前行,也有的试着移向两边,可能感觉这样会快一些。他们的心理与汽车驾驶员在拥堵而缓慢前行的车流中不停变换车道的心理是完全一样的。在这两种情况中,穿过堵塞人群(车流)的干扰会导致一些人放缓速度,其他一些人则转向两旁而让你进去。这些断断续续的干扰波穿过拥挤的人群,他们本身并没有危险性,但非常危险的状况随时可能发生。人群越来越挤,他们的行为开始变得更加混乱,如同流动的液体一样湍流不息,为了找到立足之地,人们尝试向各个方向移动。他们推搡身边的人,努力为自己创造一些私人空间。这增大了跌倒的风险,而如此紧密地挤在一起也会造成人们呼吸困难,孩子与父母走散。在茫茫人海中,这些情况在不同的地方发生并迅速蔓延开来,如滚雪球般很快失去控制。跌倒的人成为障碍,使其他人受到羁绊相继跌倒。有幽闭恐惧症的人恐慌起来,对周围的人反应强烈。除非出现有组织的干预来隔开不同人群以减少人群的密度,灾难已经迫在眉睫。

从平稳的步行人群到断续行进的人群,再到混乱拥挤的人群,过渡时间从几分钟到半个小时不等,完全取决于人群的大小。我们不能预测一个特定的人群

是否会发生危机,何时会发生危机,但通过监测人群中大多数人的行为,可以发现人群中有向断续行进过渡的一些区域,从而在混乱将要开始前的关键时刻采取控制措施。

斥水性泳衣

　　世界游泳界最近进入了一个非常困难的时期,它不得不面对新技术在体育运动中扮演何种角色的问题。我们已习惯于对运动装备进行技术改进,像网球拍、撑杆跳用的玻璃纤维撑杆以及高尔夫俱乐部的管理运作,但连体聚氨酯泳衣的出现把这个问题带到了另一个层面。游泳运动员一直在采取各种措施以减小自己身体在水中所受到的阻力:重大比赛之前剃掉所有毛发,戴上光滑的游泳帽以消除头发产生的阻力。新型泳衣进一步完善了这些措施,泳衣由一层极薄的泡沫状材料制成,这种材料将气体包裹在极小的袋中,游泳运动员穿着后可获得更大的浮力,在水中漂浮得较高,因而受到的阻力更少。实际上这种泳衣的作用是将水推离运动员身体,因此被称为"斥水性"泳衣。

　　人体在水中移动时受到的阻力大约是空气中阻力的 780 倍,因此让身体尽可能多地保持在水面上会有相当大的优势。新型泳衣表面非常光滑,符合流体动力学原理。而传统泳衣在选手腰部有细绳,额外增加了阻力。新款泳衣无缝、光滑,低阻力的外形非常适合水中游动。泳衣表面的微纤维可以摆动,从而保持了流线型的外形;质地光滑,即使游泳姿势改变也能紧贴身体。总体上,穿上这种泳衣大约能减少 8% 的阻力。不过它也有缺点,穿上这件薄薄的聚氨酯泳衣大约需要半小时的时间,所以运动员一般不会在每个清晨的训练中穿它。它的

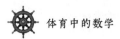

使用寿命也不长,几次比赛后就需要更换一件,并且价钱也不便宜,在美国每件售价约为 500 美元。

所有这一切的结果是,运动员不用凭借自身实力就可改写杰出的世界纪录。仅在 2009 年 7 月罗马举行的世界游泳锦标赛上,就产生了 20 个新的世界纪录。当时并非所有的运动员都穿着这种泳衣。这种比赛显然有失公允。赞助商们努力为他们赞助的游泳运动员生产更高级的泳衣,使运动员们进入了一场技术装备的竞赛中。而且,赞助商们还阻止他们穿竞争对手生产的更好的泳衣。

当时世界上最好的游泳运动员菲尔普斯(Michael Phelps)曾经通过教练鲍曼(Bob Bowman)提议,抵制未来所有允许新式泳衣的国际比赛,因为这是扭曲的体育比赛。这项提议获得了几乎所有人的关注。游泳界和国际奥委会将要面临的局面是:在未来的比赛中,这位赢得了 14 枚奥运金牌的运动员——超过了历史上任何一位运动员——将会缺席。

所以不足为奇的是,2010 年禁止使用聚氨酯泳衣的禁令出台,美国坚决要求只允许穿着纺织品泳衣比赛,并获得 180 个国家投票支持,仅有 7 个国家反对。不过,国际泳联并没有取消由穿着聚氨酯泳衣的运动员创造的世界纪录,这些成绩与在高海拔地区创造的田径世界纪录一样,以加"＊"标记在纪录簿上。

现代五项运动

　　现代五项运动是全面挑战运动员能力的项目,它由现代奥运会的创始人顾拜旦男爵(Baron Pierre de Coubertin)设立,但直到 1912 年才作为男子比赛项目进入奥运会。女子项目直到 2000 年才出现,由库克(Stephanie Cook)赢得金牌。1912 年的比赛中,前 7 名选手里有 6 名瑞典人,剩下的一名是美国陆军军官巴顿(George Patton),他在"二战"期间成为美国著名的第三集团军总司令。巴顿在比赛中名列第五,但他辩称自己应该是金牌得主。在射击比赛中,他被判定射失了目标,但巴顿坚称自己射出的子弹穿过了以前射击在靶上造成的孔洞,所以没有留下痕迹。不过裁判否认了他的申辩。

　　过去两届奥运会上现代五项运动的男子世界冠军是俄罗斯的莫伊谢耶夫(Andrei Moiseev),在雅典和北京奥运会上,他的成绩遥遥领先于其他对手。现代五项运动包括:射击、击剑、马术、游泳和越野跑,其中有的项目已经远离了大多数年轻人的生活体验,最初被选择进来,是为了代表 19 世纪末骑兵在敌人后方生存所必须掌握的技能。他需要会骑马、击剑,射杀敌人以冲出困境,如果这些努力都失败了,他就只能奔跑和游泳了。

　　奥运会现代五项运动的评分标准非常有趣。每个项目有一个参考评分1000 分,即每一个项目都预先给出了一个确定的标准,运动员得到的分数是根据比这个标准好多少(或差多少)来决定的。例如击剑,参赛者使用重剑,参加单循环赛——每一位参赛者都必须面对所有对手——一分钟内,一剑定胜负。如果获胜率为70%,获得基准分1000,按此可计算出每赢一场或输一场的得分值或减分值——取决于竞争对手的人数(例如,当比赛进行22或23场时,每场得±40分)。射击比赛中运动员使用4.5毫米气手枪(2012年被激光枪取而代之),射击10米外的定靶,每人射击20次,每次最多10分,总得分为200分。基准分为172分,高于基准分的话每次得12分。200米自由泳比赛中男子标准为2分30秒,女子标准为2分40秒,比此标准每高或低1/3秒,则在标准1000分的基础上减或加4分。马术比赛是真正的未知数。赛马随机分配给从一组中抽出的选手,选手有20分钟的时间熟悉坐骑。比赛时选手要在一条约400米长的赛道上跃过12—15个障碍物。在规定的时间内完美地骑马跨越障碍者则获得1200分,其间踢翻一个障碍物扣28分,马匹拒绝跃过障碍物扣40分,不服从骑手命令导致撞倒障碍物扣60分,绕过或拒绝一个障碍物扣80分。3千米越野或公路赛跑是最后一个项目,选手的起跑顺序由前面比赛积累的分数决定。越野跑标准时间为男子10分钟,女子11分20秒,用时每增/减1秒,则减/增4分。前面比赛的领先者首先起跑,其他选手起跑的间隔时间则反映了前4个项目比赛的结果——每差1分,起跑时间差1秒。随着越野跑的结束,整个现代五项运动比赛过程到此结束。

后来规则进行了彻底的修改,结果影响2012年的比赛。射击和越野跑连在一起,运动员在跑步的间隔期进行射击:运动员跑步至射击场,在70秒时限内以气手枪射击5个目标后再跑1000米,如此重复3次,否则会受到惩罚。最好的射击选手打5发大约需30秒的时间。这极大地改变了竞争的性质,使它更类似于冬季奥运会上的冬季两项——滑雪和射击,不过赛跑选手不像滑雪运动员那样携带枪支。精准的射击需要较低的心率及平稳的手臂,因此在跑步之后进行射击是比较困难的,运动员要在跑得快和在1000米与2000米的间隔期间射得准之间做出权衡。总冠军仍然是第一个穿过 3000 米终点线的人。当然,这已不再是完全的五项全能运动了,也许可以称为一个三项全能运动加上冬季两项运动。

顶级的五项全能运动员都是优秀的游泳运动员。200 米游泳比赛中,最佳男、女游泳运动员的成绩好于男子 1 分 55 秒和女子 2 分 8 秒的标准时间。很明显,对游泳计分方案略做修改会让比赛更加不偏不倚。近些年来,专业游泳比赛中的游泳标准有了显著的提高,这也影响到了现代五项运动——莫伊谢耶夫是一位强壮的游泳选手,他在北京的游泳比赛中获得了 1376 分,但在其他 4 个项目中的得分没有一个超过 1036 分。击剑是被严重低估的项目,也是唯一不被重视的项目。北京奥运会男女前六名选手的平均分都未达到标准分 1000 分(女子888 分,男子 920 分)。具有讽刺意味的是,新规则合并了射击和跑步,却没有改变游泳和击剑项目的计分标准。

	射击	击剑	游泳	马术	越野跑
男子(总分的%)	21	16	24	20	19
女子(总分的%)	20	16	22	20	22

体　温

　　重要的体育赛事越来越多地选择夏天在炎热国家举行,官员做出这些决策之前,通常不会征询运动员的意见。因此,运动员常常发现他们要在卡塔尔踢足球,在雅典跑马拉松,在首尔骑马。不过在 2012 年的伦敦这些都不是问题。

　　烈日炎炎下进行的最耗时的比赛莫过于 50 千米的竞走和马拉松比赛。竞赛选手要付出相当大的努力以在比赛中保持水分,赛道上有规律地设置了饮水站,让运动员补充水分和电解质。对选手来说重要的是在第一时间补水:如果感觉口渴了再喝水,则为时已晚。我们也看到,选手们在比赛期间穿着和比赛前不同类型的服装,以保持更加凉爽。在雅典奥运会清晨开始的女子马拉松比赛中,拉德克里夫(Paula Radcliffe)穿着一件捆绑式橡胶夹克,口袋里装满了冰。一些长跑运动员身穿网眼背心,最大限度地让空气接触身体——尽管这也意味着身体会晒到更多的阳光。另一些人则试着用反光材料制成运动服,以减少太阳能量的吸收。所有来自非热带地区的选手都认真地进行针对高温条件的大运动量训练,以适应极端高温气候,准确测定比赛之前和比赛期间需要补充多少液体。这类案例最著名的是英国杰出的竞走选手汤普森(Don Thompson),在 1960 年的罗马奥运会上,他在炎热的天气条件下竞走 50 千米,赢得了金牌。为高温下的比赛做准备时,他使用壁炉进行加热,使浴室温度升高到 100℉(38℃)以上,并用多壶开水提高湿度,而且在浴室里还另外加了一个炉子!那时没有体育赞助商,作为英国商联保险公司的一名火灾保险职员,汤普森还需要朝九晚五地工作。他坚持每天清晨 4 点起床,以保证在上班前完成那耗时的训练计划。在罗马奥运会上,他所做的准备得到了真正的回报。进行 50 千米竞走比赛时,气温飙升到 30℃,他的对手一个接一个地蔫了,汤普森戴着太阳镜和外籍军团帽,在中途就开始领先,并保持到最后,以 17 秒的优势创造了奥运会新纪录。意大利媒体曾戏称他为"Il Topolino"(强力鼠)。通常情况下,汤普森每天只在他精心保管的日记本里写一行字,那天他写了两行。

是否有什么物理特性(如身材大小)能够帮助(或妨碍)运动员在遭遇汤普森所面临的炎热天气时正常发挥?假如运动员以一个稳定的速度 v 长跑或竞走,那么身体产生的热量大致相等于推动身体向前的动能 $mv^2/2$,其中 m 是质量。为了保持身体热平衡而不过热,需要以同样的速度给身体降温。降温与身体的表面积 A 成正比,如果要在跑步或散步时保持热平衡,身体的散热量应该等于加热量,所以 $mv^2 \propto A$。身体的质量等于身体密度乘以体积,因为身体密度是固定的,因此最大的稳步行走的速度取决于体表面积与体积之比,$v^2 \propto$ 面积/体积。假设我们的身体模型为半径为 R、高度为 h 的圆柱形,下半部分为两条"腿"——半径为 $R/2$ 和高度为 $h/2$ 的两个圆柱形,那么总体积为 $(3/4)\pi hR^2$[①]。顶部和侧面的总表面积(不包括两个圆柱体的底部——"脚底",因为它们要克服地面摩擦前行)为 $\pi R(R+2h)$[②]。所以为了让加热和散热平衡,运动员恰当的速度平方为:

---

① 上半部分的圆柱体的体积为 $(1/2)h \times \pi R^2$,"腿"部的两个圆柱体的体积为 $2 \times \pi(R/2)^2 \times h/2$,所以总体积为 $(3/4)\pi hR^2$。——原注

② 顶部圆的面积是 πR^2,半径为 R、高度为 $h/2$ 的圆柱体的侧面积为 πRh,而半径为 $R/2$、高度为 $h/2$ 的两个圆柱体的侧面积为 πRh,所以总的表面积为 $\pi R^2 + \pi Rh + \pi Rh = \pi R(R+2h)$。——原注

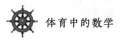

$$v^2 \propto 1/h + 2/R$$

这个式子说明,如果运动员身材矮小(h 值小)并且瘦(R 值小),那么他在高温条件下进行的比赛中更容易保持凉爽。我们也可以看出,实际中 h 比 R 大许多,所以速度 v 更大程度上取决于身体的半径 R(腰围是 $2\pi R$)而非选手的身高。身材瘦小的选手在高温条件下是有优势的。

轮椅的速度

第一届针对残疾运动员的国际体育赛事是在 1960 年夏天与罗马奥运会同时举办的,术语"残奥会"是在 4 年后的 1964 年东京奥运会上诞生的。最开始的时候轮椅运动员使用传统的重型轮椅(7—18 千克),并且只有 200 米的比赛项目。1975 年波士顿马拉松上出现了第一个完成了轮椅比赛的选手。后来又开展了一些新型比赛,比赛专用轮椅就出现了。到了 1980 年代,比赛专用轮椅已是重量轻巧、工艺精湛。1985 年,突破 4 分钟 1 英里(1.61 千米)的轮椅运动员出现了,激烈的竞争使得轮椅径赛和马拉松比赛的成绩纪录被不断刷新。

观察健全运动员和残障运动员的世界纪录变化趋势是很有趣的一件事,趋势非常清晰,但两者完全不同。健全运动员在前 400 米里速度更快,但之后他们的平均速度迅速下降,落后于残障运动员。

下面的两个表格显示了奥运会男子和女子跑步及轮椅比赛的世界纪录成绩,以及该情况下运动员的平均时速——仅由距离除以纪录时间所得。如果你想知道每小时多少千米,而不是每秒多少米,那么 10 米/秒对应 36 千米/时,所以格布雷塞拉西跑马拉松的速度约为 20.4 千米/时。

表 63.1

男子跑步	纪录时间	平均速度(米/秒)	女子跑步	纪录时间	平均速度(米/秒)
100 米	9.58 秒	10.44	100 米	10.49 秒	9.53
200 米	19.19 秒	10.42	200 米	21.34 秒	9.37
400 米	43.18 秒	9.26	400 米	47.6 秒	8.4
800 米	1 分 41.01 秒	7.92	800 米	1 分 53.28 秒	7.06
1500 米	3 分 26 秒	7.28	1500 米	3 分 50.46 秒	6.51
5000 米	12 分 37.35 秒	6.60	5000 米	14 分 11.15 秒	5.87
10 000 米	26 分 17.53 秒	6.34	10 000 米	29 分 31.78 秒	5.64
马拉松	2 小时 3 分 2 秒	5.72	马拉松	2 小时 15 分 25 秒	5.19

表 63.2

男子轮椅	纪录时间	平均速度(米/秒)	女子轮椅	纪录时间	平均速度(米/秒)
100 米	13.76 秒	7.27	100 米	15.91 秒	6.29
200 米	24.18 秒	8.27	200 米	27.52 秒	7.27
400 米	45.07 秒	8.88	400 米	51.91 秒	7.71
800 米	1 分 32.17 秒	8.68	800 米	1 分 45.19 秒	7.61
1500 米	2 分 55.72 秒	8.54	1500 米	3 分 24.23 秒	7.34
5000 米	9 分 54.82 秒	8.41	5000 米	11 分 39.43 秒	7.15
10 000 米	20 分 25.9 秒	8.16	10 000 米	24 分 21.64 秒	6.84
马拉松	1 小时 20 分 14 秒	8.77	马拉松	1 小时 38 分 29 秒	7.14

你会发现，每一项比赛的平均速度随着距离的增加而下降。从健全运动员的跑步纪录成绩来看，这个趋势很明显，从图 63.1 可以看出男子和女子比赛的系统性发展趋势。平均速度 y(以米/秒为单位)，随着距离 x(以米为单位)以斜

率约为 -0.1 而变化,更精确的表达式为男子 $y \propto x^{-0.109}$,女子 $y \propto x^{-0.111}$。

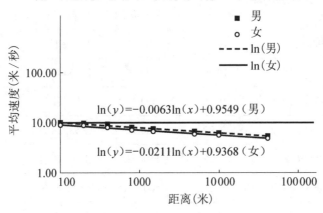

图 63.1

相应地,轮椅比赛中平均速度的趋势则与上述情况明显不同。我们可以忽略 100 米比赛,因为 100 米赛中起跑和加速对总时间产生显著影响。从图 63.2 我们可以看到,平均速度随着距离的增加几乎没有下降。运动员极快地达到最快的轮椅转动速度,然后在很长的距离中保持这个速度。这个斜率非常接近平行线的斜率,男子为 $y \propto x^{-0.006}$,女子为 $y \propto x^{-0.021}$。

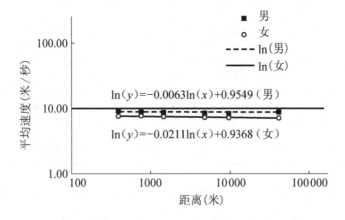

图 63.2

从两幅图中我们还可以看出,马拉松比赛的平均速度比相对较短距离比赛(如10千米,甚至5千米)的平均速度要快。有几个原因导致这个异常现象。距离较短的纪录是在跑道上创造的,而400米的环形跑道上有两个弯道,健全的运动员不会受到太大的影响,但对轮椅运动员来说这是一个很大的问题,他们很难转弯,因此轮椅运动员在弯道上比直道上慢。马拉松比赛是在平坦的公路上进行,很少有弯道和转弯,这对轮椅比赛来说很有利。实际上对于健全运动员来说公路也是最好的赛道。而且,轮椅马拉松比赛比10千米场地赛更具竞争性,比赛也更频繁。轮椅马拉松比赛参加者众多,竞争激烈,创纪录者的压力更大。此外,10千米场地赛采用的战术也导致了较长的比赛时间。

速度随距离只发生微小的变化,这种不同寻常的现象使轮椅运动员可以比健全运动员在更大的距离范围内具有竞争力。威尔4次赢得伦敦轮椅马拉松比赛,同时还获得了奥运会100米、200米、400米、800米、1500米和5000米轮椅比赛的奖牌。没有哪位健全运动员奢望在3个以上的比赛项目中都获得成功,而我们上述的平均速度分析说明,这对残障运动员来说是可能发生的。

误差的战争

误差会导致问题的产生,但误差不一定是错误,它们是我们对真实状况了解的不确定性。有时误差是一次性的:我们要称量婴儿的体重,而电子秤只能精确到克,所以我们在确定婴儿的体重时,不可避免地存在不精确性和测量"误差"。有时候误差可以戏剧性地累积,在多步骤过程的每个阶段加倍(或多倍)。这就是过去 30 年里广泛宣传的"混沌"现象产生的根源,它干扰了天气预报的准确性。在这两个极端之间还有另一种类型的误差,这种误差在一个多步骤过程的每个阶段保持不变,但不断积累,最终导致一个显著的总体不确定性。

如果你正在建造一个游泳池,或修建一条跑道,它们将被用于包含很多圈的比赛及时间测试,那么每圈长度的精确性是非常重要的。如果每圈少于设计长度,那么随着比赛距离的增加,实际距离会越来越少于设计长度。最终用激光测距仪进行检查后,在这样的地方创造的任何纪录都将是无效的。对跑道来说,可以调整终点线以弥补施工误差,但游泳池就没有办法补救了。

假设比赛距离为 R,跑道长度为 L,要跑的圈数为 N,则 $NL = R$,如果场地因施工导致一圈的长度误差为 ε,那么比赛的累计距离误差将为 $N\varepsilon = \varepsilon R/L$。

实际上我们对时间更感兴趣,纪录最后都以时间表示。假设完成比赛的时间为 T,则平均速度为 R/T,总时间误差为 ΔT。由一圈长度引起的总误差 ΔT 为

$R/L \times \varepsilon \div (R/T) = T\varepsilon/L$,所以我们有一个很简单的结果 $\Delta T/T = \varepsilon/L$。即:相对总时间误差与总比赛时间的比值,等于一圈长度误差与一圈长度的比值。

在修建国际田径比赛的跑道时,国际田联规定的公差标准是:400 米一圈的跑道,它的直道和弯道允许最大 4 厘米的超出长度,但不允许有负偏差。国际泳联认可的游泳池中,50 米的泳池允许最大 3 厘米的超出长度,但也不能有负偏差。这些都是为了确保比赛纪录不因距离缩短而被打破——而更糟糕的是,在有误差的短跑道或短泳池里创造的纪录在任何统计或排名中都无效。

比赛场地	每圈长度 L	最大允许一圈长度误差 ε	总比赛时间误差,ΔT(秒)如果比赛持续 T 秒	比赛用时误差 >0.01 秒
田径跑道	400 米	0.04 米	$10^{-4} \times (T/1\ 秒)$	100 秒
长距离泳池	50 米	0.03 米	$6 \times 10^{-4} \times (T/1\ 秒)$	16.7 秒
短距离泳池	25 米	0.03 米	$12 \times 10^{-4} \times (T/1\ 秒)$	8.3 秒

上述表中我们列出了最大误差,即跑道超长 4 厘米、游泳池超长 3 厘米时的结果。在最后一列中,我们列出的比赛时间是指比赛连续进行、由单圈长度误差所产生的总时间误差超过 0.01 秒的比赛时间,这在田径运动和游泳中都由电子计时器精确地记录了下来。所有超过 50 米的游泳比赛都受到影响,所有在 800 米及更长跑道上进行的比赛也受到影响。例如,在男子 10 000 米的世界纪录(26 分 30 秒)中,累计误差可能达 0.16 秒,相当显著。当然,这种情况在比赛中不会那么明显,因为选手们跑的总距离会有所差异,例如有人会因战术原因而跑在外道,事实上每个人跑的距离都超过比赛要求的距离。游泳的情况更明显。仔细观察确实很重要。

最后我要说的是,规则再多也无法完全消除人为的错误。在 1932 年的奥运会上,一名官员记不清 3000 米障碍赛已经跑完的圈数,挥舞着小旗让运动员们多跑了一圈。跑完 3000 米时排名第二的选手在额外增加的一圈结束时排在了第三。

重力问题

许多运动受限于重力的作用。运动员们如果想要比他们的对手投掷得更远,跳得更高或更远,他们就必须克服重力的作用。抛掷物的抛射距离、跳的高度都与重力加速度成反比,地球表面的平均重力加速度 $g = 9.8$ 米/秒^2(顺便提一句,月球上的 g 仅为地球上的六分之一)[①]。质量为 100 千克的物体的重量由质量和 g 决定,g 的数值取决于你所处地球表面的位置,它受两方面的影响。一方面,也是较不重要的,地球不是完美的球体[②]。赤道比两极宽,这意味着随着你从两极向赤道移动,你到地心的距离在不断增加——尽管不是稳定增加,因为沿途偶尔会有山脉和峡谷。另一方面,更重要的是,我们感觉到的地球引力还受地球围绕它自转轴旋转的影响。

人站在地球表面所受到的地球旋转的影响是:他们绕着一个圈旋转,这个圈

---

① 对于一个质量为 M、半径为 R 的球形行星或月球,球表面的重力加速度为 $g = GM/R^2$,其中 G 是牛顿万有引力常数。——原注

② 当你处在比地球的平均半径 R 高出 h 的位置,g 的变化为 $g(h) = g_0(1 - 2h/R)$,条件是 h 远远小于 $R = 6\,371$ 千米。因此当我们到海拔更高的地方,地球引力 g 会略有减小。当你在海拔 h 米的高度时,g 的变化大约为 $2 \times 10^{-6} \times h$。这个数字也适用于计算你登上海拔高度为 h 的山顶上时的额外体重。如果你只是在空中上升到一个高度 h,则 g 的下降会稍大些,大约为 $2 \times 10^{-6} \times h$。——原注

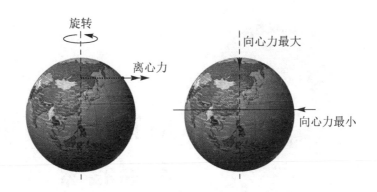

图 65. 1

的半径从两极处的零开始逐步增加,到赤道处时达到最大。旋转产生一个向外的离心力,这个力与地球的自转轴成直角,与由地球质量产生的向地心的引力成一定夹角。这样,质量为 1 千克的物体挂在弹簧秤上时,记录到的重量在两极处为最大。当你将它移往赤道时,重量逐步下降,直到最小值①。

$$g(北极和南极) > g(赤道)$$

这里有一些有趣的结果:一个质量为 100 千克的物体在高纬度地区比在低纬度地区重,因此若要举起它并超过你的头部,在前者地区比后者地区需要更大的力量。一个物体在两极地区的重量比在赤道地区增加约 0.5%②,如果你想打破举重世界纪录,那么你去赤道吧。最好的办法是去墨西哥城,由于那里的纬度和海拔高度的原因,使得 $g = 9.779$ 米/秒^2,质量为 100 千克的物体重约 977.9 牛。而最糟糕的地方是奥斯陆或赫尔辛基,那里的 $g = 9.819$ 米/秒^2,质量为 100 千克的物体重约 981.9 牛。

---

① 如果我们精确地计算影响,那么在海平面上的重力加速度 $g(L)$ 将会随着地球表面纬度角度的变化而变化:$g(L) = 9.780327(1 + 0.053024 \sin(2L) - 0.0000058 \sin 2L)$ 米/秒^2。——原注
② 在赤道,$g = 9.78$ 米/秒^2;在两极,$g = 9.832$ 米/秒^2。——原注

加勒比杯赛中的数据搜索

大多数体育项目都设置排行榜,看看所有的参赛队在互相比赛之后,哪一支是最好的球队。球队在获胜、失败以及平局后究竟得几分,对于最后谁能名列前茅是至关重要的。正如我们所看到的,以前足球联盟决定给获胜队 3 分而不再是 2 分的原因,是希望鼓励更多的进攻型打法。但这个简单的做法还是比较粗糙,毕竟,如果你击败的是顶级球队而不是联赛垫底的球队,难道不应该得更多的分吗?

2007 年在加勒比海举行的板球世界杯赛为我们提供了一个很好的例子。在第二阶段的比赛中,排名前 8 的球队互相比赛(实际上在第一阶段的比赛中,每支球队已经跟其他球队打过比赛了,比赛结果带入第二阶段,所以他们只需打 6 场比赛)。计分规则为获胜得 2 分,平局得 1 分,失败得 0 分。下表中的前 4 支球队有资格参加两场半决赛——淘汰赛。得分相同的球队则根据比赛中总跑垒的得分率来排名,结果在后面的表格中显示。

前 8 名得分榜					
团队	出赛	赢	平	输	跑垒率	得分
澳大利亚	7	7	0	0	2.40	14
斯里兰卡	7	5	0	2	1.48	10
新西兰	7	5	0	2	0.25	10

（续表）

前8名得分榜						
团队	出赛	赢	平	输	跑垒率	得分
南非	7	4	0	3	0.31	8
英国	7	3	0	4	−0.39	6
西印度群岛	7	2	0	5	−0.57	4
孟加拉国	7	1	0	6	−1.51	2
爱尔兰	7	1	0	6	−1.73	2

但是,让我们考虑一下另一种确定球队排名的方法:打败一支强队比打败一支弱队得更多分。我们给每队一个分数,这个分数等于他们击败其他队的总和。因为没有平局,所以我们不必担心。下面列出了8支球队获胜的情况,总分看起来像8个方程式:

澳大利亚 = 斯里兰卡 + 新西兰 + 南非 + 英国 + 西印度群岛 +

孟加拉国 + 爱尔兰

斯里兰卡 = 新西兰 + 西印度群岛 + 英国 + 孟加拉国 + 爱尔兰

新西兰 = 西印度群岛 + 英国 + 孟加拉国 + 爱尔兰 + 南非

南非 = 西印度群岛 + 英国 + 斯里兰卡 + 爱尔兰

英国 = 西印度群岛 + 孟加拉国 + 爱尔兰

西印度群岛 = 孟加拉国 + 爱尔兰

孟加拉国 = 南非

爱尔兰 = 孟加拉国

上述关于 $x^T = ($澳大利亚,新西兰,西印度群岛,英格兰,孟加拉国,斯里兰卡,爱尔兰,南非$)$ 的式子可以用形式为 $Ax = Kx$ 的矩阵方程来表示,其中 K 是一个常数,A 是一个如上表所示的 8×8 的矩阵,其中 0 和 1 分别表示失败和获胜。

	澳大利亚	新西兰	西印度群岛	英国	孟加拉国	斯里兰卡	爱尔兰	南非
澳大利亚	0	1	1	1	1	1	1	1
新西兰	0	0	1	1	1	0	1	1
西印度群岛	0	0	0	0	1	0	0	0
英国	0	0	1	0	1	0	1	0
孟加拉国	0	0	0	0	0	0	0	1
斯里兰卡	0	1	1	1	1	0	1	0
爱尔兰	0	0	1	0	1	0	0	0
南非	0	0	1	1	0	1	1	0

为了求解这个矩阵方程,得到每个球队的总分,从而获得这种新计分规则下各队的排名,我们必须找到矩阵 A 的特征向量,这里矩阵 A 所有的项为正或 0。每个解都有一个特征值 k,相应的特征向量 x 的解中,所有的项都为正(如果输了比赛则为 0),这显然是我们所期望的。解这类所谓的"一阶"特征向量方程,我们得到的结果是:

$$x^T = (澳大利亚,新西兰,西印度群岛,英国,孟加拉国,斯里兰卡,爱尔兰,南非)$$
$$= (0.729, 0.375, 0.104, 0.151, 0.153, 0.394, 0.071, 0.332)$$

球队新的排名由他们在这里的得分决定。澳大利亚以 0.729 排在第一,而西印度群岛以 0.071 排在最后。如果我们将这个排名与第一张表格中的排名相比较,我们得到:

新的排名	澳大利亚	斯里兰卡	新西兰	南非	孟加拉国	英国	西印度群岛	爱尔兰
联赛排名	澳大利亚	斯里兰卡	新西兰	南非	英国	西印度群岛	孟加拉国	爱尔兰

晋级半决赛的前 4 支球队的排名在两个系统里完全相同,但后面的 4 支球队的排名有很大的不同。孟加拉国只赢了一场比赛,仅得 2 分,排在世界杯联赛的倒数第二名。在我们的系统里他们上升到第五名,因为他们赢的是排名靠前的南非。英国实际上赢了两场比赛,但赢的是最后面的两支球队,最终排名在孟

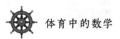

加拉国之后(尽管直到小数点后第三位才将他们区分开来——0.153和0.151)。可怜的西印度群岛在简单的原联赛计分系统中排名第六,但在新规则系统里排名下降了一个位置。

这个计分排名系统的原理也是谷歌搜索引擎采用的原理。I队与J队比赛结果的矩阵对应于主题I和主题J之间的关联数。当你搜索一个"条目"时,具有强大计算能力的搜索引擎创建一个"得分"矩阵,然后寻找特征向量,进行海量运算,最后解出矩阵方程,列出你所要寻找的"条目"的"点击"排名表。它看起来就像变魔术一样,但确实非常快。

似是而非的
单人滑排名

当我们做出选择或进行投票时,如果在所有的备选方案中 K 是最好的,则 K 是我们的首选,这看起来很合理。然后有人出现并告诉我们,还有另外一种方案 Z,他们忘了包括进来了,那么我们新的选择是坚持 K 还是选择 Z? 选择以前因为赞同 K 而放弃的其他任何选项似乎都是非理性的,增加了一个新的选项,就可以改变原先的选择了吗?

大多数经济学家和数学家在头脑中根深蒂固地认为,这种情况绝不允许发生,通常投票系统在设计程序时就将其排除在外。然而我们知道,人类的心理活动很少是完全理性的,有些情况下,不相关的替代选项会改变我们所偏好的顺序。有一个著名的例子。公共交通系统提供了一辆红色的公交车以替代私家车服务,大约有一半的乘客很快发现并乘坐红色的公共汽车。随后引进了第二辆蓝色的公共汽车。我们预计有四分之一的乘客使用红色公交车,四分之一的使用蓝色公交车,二分之一的乘客继续使用私家车。但是,乘客为什么要关心公交车的颜色呢? 事实上当时的情况是,三分之一的乘客乘坐红色的公交车,三分之一的乘坐蓝色公交车,三分之一的继续使用他们的私家车。

在一场臭名昭著的体育比赛中,一个不相关的替代因素实际上影响了裁判过程,导致了奇怪的结果,最终放弃了最初的判罚。这个问题出现在 2002 年冬季奥运会滑冰比赛的评判中,那次比赛中,年轻的美国花样滑冰选手休斯(Sarah Hughes)击败了科恩(Sasha Cohen)以及最有希望获胜的关颖珊和斯卢茨卡娅 (Irina Slutskaya)。当时通过电视转播画面可以看到,伴随着优美的乐曲,裁判对选手表现的个人打分(6.0,5.9 等)——公布于众。然而奇怪的是,这些得分从来不能真正决定谁将获胜,它只用来对滑冰选手的表现进行排序。你可能会认为,裁判将每个选手的两套动作的得分相加,总分最高者赢得金牌。不幸的是, 2002 年的盐湖城冬奥会不是这样的。

前 4 名运动员在短距离项目结束后的得分顺序是:

关颖珊(0.5),斯卢茨卡娅(1.0),科恩(1.5),休斯(2.0)

她们被自动给出分数 0.5、1.0、1.5 和 2.0,因为她们排在前 4 位(得分最低者最好)。请注意,所有那些精彩的个人得分(6.0,5.9 等)都被忘记了,第一名比第二名到底领先了多少分已经无足轻重,她只得到了半分的优势。然后,长距离项目比赛也采用同一类型的评分系统,唯一不同的是分数加了倍,第一名给 1 分,第二名给 2 分,第三名 3 分,以此类推。长短两个项目得分相加,得出每名选手的总分,总分最低者赢得金牌。休斯、关颖珊和科恩完成花样滑冰长距离项目比赛后的结果是:休斯领先,得到 1 分,关颖珊第二得 2 分,科恩第三得 3 分。将长短项目得分相加,我们看到在斯卢茨卡娅比赛前,3 人的总分数为:

关颖珊(2.5),休斯(3.0),科恩(4.5)

最后,斯卢茨卡娅在长距离项目上得了第二,所以现在在长距离项目上各人的得分是:

休斯(1.0),斯卢茨卡娅(2.0),关颖珊(3.0),科恩(4.0)

但是结果非同寻常:总冠军是休斯! 因为最后的得分分别为:

休斯(3.0),斯卢茨卡娅(3.0),关颖珊(3.5),科恩(5.5)

休斯排到了斯卢茨卡娅前面,因为当总分相加时,长项目上的优异表现能够得到额外加分。但这种不合理规则造成的后果是明显的,斯卢茨卡娅的表现改变了关颖珊和休斯的位置。关颖珊在她与休斯的比赛结束后领先于后者,但当斯卢茨卡娅上场以后,关颖珊却排到了休斯之后。关颖珊和休斯的相对位置怎么可以取决于斯卢茨卡娅的表现呢?

投掷铁饼

如果你可以将网球抛得很远,那么你可能是一名很好的标枪运动员,但你不一定是一名很好的掷铁饼运动员。标枪投掷依赖于快速的手臂运动,以及将手臂的动能转化成投出标枪的速度。铁饼投掷则需要在一个小圈子里时充分利用旋转运动。铁饼的世界纪录已经很老旧,男子 2 千克铁饼世界纪录由舒尔特(Jürgen Schult)于 1986 年创造,成绩为 74.08 米。而女子 1 千克铁饼世界纪录则由赖因施(Gabriele Reinsch)于 1988 年创造,成绩为 76.8 米。这两名选手都是民主德国的运动员,他们的纪录一直没有被超越过。

投掷铁饼不像扔飞盘。投掷者被限制在一个直径为 2.5 米的水泥圆圈里,以安全的 34.9°将铁饼扔出。最佳的掷铁饼技术是:以与水平面成 30°—40°的仰角方向将铁饼扔出去,铁饼可以获得最快的旋转速度。你会看到,投掷者开始时有一个"上发条"阶段,手臂前后摆动,然后以右手投掷的运动员将按照逆时针方向旋转,速度达到最大值、手臂完全伸展时,铁饼被扔出去。当铁饼将被扔出去时,投掷者的食指或中指施力,使铁饼按顺时针方向旋转飞出。掌握这项技术需要进行大量的练习,顶级铁饼运动员都不年轻,他们具有相当丰富的经验,知道如何最佳地利用风向、控制铁饼释放的角度和感受铁饼重量的分布以获得最好成绩。值得注意的是,著名的美国铁饼运动员厄特

（Al Oerter）连续在 1956 年、1960 年、1964 年和 1968 年奥运会上夺得男子铁饼金牌，尽管他没有一次被认为是夺冠的大热门。多年来，奥运对手一看到他出现就失去勇气。

顶级铁饼运动员在投掷圈内身体旋转一圈半，这意味着铁饼的加速距离约为 $1.5 \times \pi \times 2.5$ 米 $= 11.8$（米），速度达到约 $v = 25$ 米/秒时被投出。保持这个速度的向心加速度为 v^2/R，其中 R 为运动员手臂长度，当 $R = 1$ 米时，向心加速度为 625 米/秒^2，或 $63.8g$（g 为重力加速度）。铁饼世界纪录保持者的体重为 110 千克，运动员手臂的力量超过体重的一半！这就是为什么身体强壮者才能将铁饼投得更远。

铁饼一旦被扔出去，它就像一个无动力的滑翔机。飞行时，空气的阻力会使铁饼的速度下降，但铁饼同时又受到空气气流产生的升力的影响。空气的阻力和升力都与空气密度成正比，与铁饼在运动方向上的横截面积（约为 0.04 米^2）及它相对于空气速度的平方成正比。当铁饼相对于空气的迎角较小时，则升力比阻力大。

风力的影响也是非同寻常的。我们都知道逆风对于跑步和骑自行车等运动会产生不利影响，但它对掷铁饼却是非常有利的。当升力超过阻力成为主导作用力时，把铁饼投进大风中，升力会变得更大。升力与 $(v_{铁饼} - v_{风})^2$ 成正比，所以它在逆风时（$v_{风}$ 为负数）比顺风时（$v_{风}$ 为正数）更大。详细的研究表明，最理想的状态是将铁饼投掷到 10 米/秒的逆风中，这样可以获得比无风状态下多达 4 米的投掷距离。与此相反，如果在 10 米/秒的顺风中投掷铁饼，投掷距离会减少约 2 米。后面的图显示了上述结果并且证明 7.5 米/秒的顺风是最糟糕的状况。这些情况下风速都很强。短跑比赛规定，当顺风风速达到 2 米/秒以上时纪录无效。令人奇怪的是铁饼纪录并不考虑风力的重要影响，而它们对成绩的影响比不符合规则的顺风对短跑或跳远成绩的影响更大。

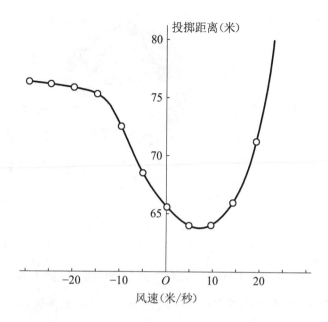

图 68.1

净胜球

不同的运动项目都有不同的办法来解决平局问题。美国人对平局有一种深深的恐惧,他们的体育比赛通常必须决出一个胜利者。其他国家对平局则比较乐见。然而,尽管大约四分之一的足球比赛以平局收场,但当需要决出联赛冠军或进行足球杯赛决赛时,情况就不同了:需要有一个办法让进球数或积分相同的球队分出高下。多年来,人们尝试了各种方法来判定足球决赛的结果。加时赛一直是首选方案,如果这样也无法决出胜负,在过去人们通常会重新比赛——甚至再次重赛。近年来,加时赛尝试过突然死亡法,即所谓的"金球制"——加时赛中先进球的一方赢得比赛——这一方法曾被应用于曲棍球、冰球和橄榄球。然而,这种方法在足球中只进行了短暂的试验(2002—2004 年),在一段时间里被"银球制"所取代,即加时赛的前 15 分钟结束时领先的球队获胜,至此加时赛结束。15 分钟未分胜负的话就像平时一样,加时赛结束时领先的球队获胜。

在 1967 年欧洲城市博览会杯^①的四分之一决赛中,格拉斯哥流浪者队对皇家萨拉戈萨队的比赛以 2∶2 告终,最终采用掷色盘的方法来决定获胜方。后来,这样的平局被客场进球数及罚点球打破,若两场或两场以上比赛后总积分持平,

---

① 这是欧罗巴联赛的候补赛的前身。——原注

则客场进球可获得双倍积分。唉！这在数学上对裁判提出了挑战。格拉斯哥流浪者队(为什么总是他们呢?)在对里斯本竞技队的比赛中罚失了一个点球,此前他们曾在主场以 3∶2 获胜,并在客场以 3∶4 失利。裁判并未考虑到流浪者队客场的进球数,因此与里斯本竞技队的比赛本不应该用点球决胜负。流浪者队的经理沃德尔拿着一份比赛规则手册找到了场上的欧足联官员,推翻了比赛结果,流浪者队获胜。之后他们进入了决赛,在决赛中以 3∶2 打败了莫斯科迪纳摩队。

解决联赛中积分持平的困境有很多种方式。从前"得分率"被广泛使用,即球队的进球数(F)与失球数(A)的比值:

$$得分率 = 进球数(F)/失球数(A)$$

在电子计算器发明之前,记者们坚持认为计算尺是确定联赛排名所必需的工具。净胜球取代得分率首次出现在 1970 年的世界杯决赛上,后来出现在英格兰足球联赛 1976—1977 赛季中:

$$净胜球 = 进球数(F) - 失球数(A)$$

1952—1953 年,英格兰冠军联赛采用得分率来决出冠军,当时阿森纳队和普雷斯顿队都累计得到了 54 分(胜一场得 2 分),阿森纳的得分率为 97/64 = 1.5156,而普雷斯顿队的得分率只有 85/60 = 1.4167。引进净胜球制度是为了鼓励进攻型打法——相比较少的失球数,给较多的进球数以更多的奖励。当时阿森纳队的净胜球数为 33,而普雷斯顿队的净胜球数为 25。两支球队最终得分率相同的可能性很低,但净胜球数相同的可能性则比较高。值得注意的是,在 1988—1989 赛季,阿森纳队和利物浦队并列排在足球冠军联赛的榜首,同积 76 分,净胜球数也相同。事实上他们都胜 22 场、平 10 场、负 6 场。阿森纳队的净胜球数为 73 - 34 = 39,利物浦队的净胜球数为 65 - 26 = 39。如果还使用得分率来计算的话,利物浦队应该获得联赛冠军,因为他们的得分率 F/A = 65/26 = 2.5,而阿森纳队是 F/A = 73/34 = 2.15。

幸运的是,1989 年联赛恰好有一项相应的规则来应对这种净胜球数相同的情况,最终阿森纳队获胜,因为他们总共进了 73 个球(更大的进球数 F),而利物浦只进了 65 个球。在那之后,这项打破平局的规则被废除,1992 年开始的英超联赛就再也没有采用过它。

　　足球联赛仍然用净胜球数来解决积分相同的情况,但它是最好的方案吗? 我可以想出许多其他方案。何必要为积分而烦心呢? 其实,只需要用净胜球数来决定联赛排名就可以解决问题了。一个选择方案是:0∶0的平局不给积分,给其他平局比赛的主队积 0 分,给客队奖励 1 分。后续的表格是 2009—2010 年英超联赛的排名表,展示了各队的总积分[①]、净胜球以及若主场打平不积分时的总积分。

　　可以看出,改变获胜和平局所得的积分后,对于排名在前的球队来说积分基本没有发生变化,排名垫底的球队则发生了有趣的变化,维冈队应当降级(他们的净胜球数受到以 1∶9 和 0∶8 分别惨败给热刺队和切尔西队的影响)。新的总积分计算中,平局时主队不获得积分这点很有趣,它对排名靠前和垫底的球队没有什么影响,但对排名中游的球队产生了一定的影响。虽然这种方法对阿斯顿维拉、伯明翰和布莱克本等队的总积分有很大的影响,但由于各球队间的积分差距较大,各队的排名并未发生改变。

　　毫无疑问的是,因为获胜意味着进球数大于失球数,所以净胜球数与积分密切相关。因此,以进球数来进行联赛排名会更加简单,并带来更大的进球动力。毕竟,这就是球迷想要看到的。

球队	总积分	净胜球	当主场平局不积分时的总积分
切尔西	86	71	85
曼联	85	58	84
阿森纳	75	42	73

---

① 　没有把朴次茅斯队因财务原因扣除的 9 分包括在内。——原注

（续表）

球队	总积分	净胜球	当主场平局不积分时的总积分
热刺	70	26	73
曼城	67	28	63
阿斯顿维拉	64	13	56
利物浦	63	26	60
埃弗顿	61	11	55
伯明翰	50	−9	41
布莱克本	50	−14	44
斯托克城	47	−14	41
富勒姆	46	−7	43
桑德兰	44	−8	37
博尔顿	39	−25	33
狼队	38	−24	32
维冈	36	−42	29
西汉姆	35	−19	30
伯恩利	30	−40	25
赫尔	30	−41	24
朴次茅斯	28	−32	25

英超比赛是随机的吗

　　足球比赛有时看起来是随机的,尤其是当你观看那些低级别的比赛时。球员不顾一切地将球踢出,快速地传球和抢断、回传、进球。你开始怀疑,每个赛季产生的联赛积分表,是否显示出这种简单的随机过程的各种特征?

　　平均而言,4 场足球比赛中就有 1 场是平局。假设英超联赛是一个简单的随机过程,每场比赛都有 1/4 的机会打平。为简单起见,忽略主场优势,假设主队获胜的概率是 3/8,客队获胜的概率也是 3/8。联赛中共有 20 支球队,每队将与其他球队比赛 2 场,主场客场各 1 次,所以每支球队将比赛 38 场。

　　可以这样模拟这 20 支球队进行的这个随机联赛:假设一个八边形转盘,它的 2 条边标有"平局"字样,3 条边写着"主队获胜",另外 3 条边写着"客队获胜"。若通过转动转盘得出结果的话,比完所有的比赛实际上需要大量的时间。你最好用电脑来进行计算,这样只需要几秒钟。现在来计算一下各个球队的总积分并进行排名(获胜积 3 分,平局积 1 分,失利则积 0 分)。我们将积分最高的球队命名为 1 队,其次是 2 队,以此类推。

　　作为对比,下面列出了 2003—2004 赛季和 2004—2005 赛季的英超联赛的最终排名。比较一下随机联赛和实际联赛,结果非常有启发性[①]。

------

① 平均分约为 $(38 \times 3/8 \times 3) + (38 \times 1/4 \times 1) + (38 \times 3/8 \times 0) = 42.75 + 9.5 = 52.25$ 分。——原注

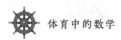

球队	胜	平	负	积分	2003—2004 赛季 实际联赛积分表	2004—2005 赛季 实际联赛积分表
1	19	9	10	67	90 阿森纳	95 切尔西
2	18	11	9	63	79	83
3	18	12	8	62	75	77
4	17	11	10	61	60	61
5	16	12	10	58	56	58
6	16	14	8	56	56	58
7	13	9	16	55	53	55
8	15	14	9	54	53	52
9	16	17	5	53	52	52
10	15	15	8	53	50	47
11	15	15	8	53	48	46
12	14	17	11	53	47	45
13	13	12	13	52	45	44
14	14	15	9	51	45	44
15	13	13	12	51	44	42
16	15	19	4	49	41	39
17	11	16	11	44	39	34
18	9	13	16	43	33	33
19	9	21	8	35	33	33
20	8	23	7	31	33 狼队	32 南安普敦

你会发现,如果忽略联赛积分榜的前 3 支球队,其余球队的实际积分和随机比赛结果非常相似。前 3 支球队的实际积分之所以与随机联赛有很大的不同,是因为他们赢得球赛的概率高于模型中采用的 3/8(37.5%)。事实上,阿森纳队 76% 的比赛都获胜,切尔西的获胜率为 68%。这两个赛季的英超联赛都缺乏竞争性,排名第四的球队更有可能降级而不是夺冠!我们模型的美妙之处在于

冠军球队是随机的,它综合了英超联赛和全国性彩票业的某些特点,使竞争更具趣味性。

　　仔细观察你会发现,忽略了前3支球队之后,随机模型对实际结果的顶部和底部的预测比较准确,但对榜单上中游部分的预测有偏差。有个很好的理由可以解释这点:我们的简单模型假设一个球队在主场和客场上的获胜概率相等,这与排名靠前的球队的表现很接近——他们几乎总是获胜,不论主场还是客场;排名垫底的球队也是这样——他们总是输球,不论主场还是客场。对排名中游的球队来说,主场优势通常对他们有利,他们在主场获胜的可能性大于客场。我们可以稍微改变一下这个模型来修复这一缺陷,即假设平局的概率仍然是1/4,而主场获胜的概率则是7/16,客场获胜的概率是5/16。为进一步完善模型,还可以在模型中插入一些"超级强队",假设他们获胜的概率为3/5。

　　总的来看,这个简单的模型可以鼓舞那些不爱看球赛的人。花费高昂的英超联赛(其他联赛也一样)整个可以由一个简单的随机数字生成器所取代,而结果却不会发生太大的变化——这可能是阿森纳队未来再次赢得联赛冠军的最好的机会。

昂贵的装备——
有用吗?

　　历史上,竞速项目(如短跑、自行车和速度滑冰)的运动员尝试穿着紧身衣和戴上兜帽以减小空气阻力。当女运动员像"花蝴蝶"乔伊娜(Florence Joyner)那样穿着只有一条裤腿的紧身衣出现在跑道上时,人们开始怀疑这种时尚能否带来运动上的优势,也许赞助商的慷慨资助只是为了把它们大批量地销售给普通百姓。同样令人费解的是,女运动员中突然出现了一种趋势,大家都穿着露脐装,把自己的腹部暴露在空气中。没有男运动员会穿露出一半身体的运动背心。有个很好的理由可以解释这个现象:天气寒冷的话运动员会由于身体暴露而感冒,天气暖和的话运动员也会因为汗水的蒸发而感冒,天气晴朗的话运动员的皮肤则会过度暴露在阳光下。总而言之,穿露脐装跑步对男女运动员来说意义都不大。

　　穿紧身衣是为了减小空气阻力,这是值得做的事情。如果运动员奔跑时相对地面的速度是v,而此时风速为v'的话,这时你会感觉到空气带来的阻力(负值)等于:

$$F = -(1/2)C\rho A(v - v')^2$$

其中,ρ是空气密度;A是身体和装备正面的横截面积;C是所谓的阻力系数,它取决于你的体型和体表的空气动力学特性[①]。对于跑步的人来说C值通常非常

---

① 它反映了因身体因被空气拦截而丧失的动能。——原注

接近于1,而对于自行车赛车手来说通常 C 值为 0.8—0.9。

上述这个公式有几点需要注意。空气阻力取决于运动员相对于风速的奔跑速度的平方。运动员的速度 v 通常是正的,风速 v' 在顺风奔跑时是正的,而在逆风奔跑时是负的。短跑和跳远时,顺风用加号" $+$ ",逆风用减号" $-$ "[①]。

在阻力公式中,运动员可以控制的因素是面积 A 和阻力系数 C。可以通过减小迎风面积来降低阻力。挥动手臂和穿着宽大飞扬的衣服将使 A 增大,使速度降低。通常来说,运动员的迎风面积 A 约为 0.45 米^2,C 约等于1,因此当一名世界级的男子短跑运动员在无风条件下($v'=0$)速度达到 10 米/秒时,他将花费 3% 的力气来克服空气阻力。

采用不同的姿势可以略微降低 A,一些运动员就用这种方法来应对有风时的比赛。长发会是个问题吗?晃来晃去的辫子肯定会使 A 增大,从而导致阻力增大,不过它的影响非常小。头部只占全身正面面积的 6%—7%,由头部产生的阻力仅占全部阻力的 3%,而头发又只是其中的一小部分。20 世纪 80 年代后期一些短跑运动员习惯戴着头巾比赛,但实际上不太可能带来什么显著的优势,并且还可能让他燥热难忍。

那么紧身衣呢?穿紧身衣的目的是减小运动员由于身体运动而产生的阻力系数 C。有趣的是,在临界流速附近,微小的速度改变也会对阻力系数 C 造成很大的影响,人们对此曾利用风洞进行了仔细的研究。风洞主要模拟气流对各种高速移动物体特别是汽车和飞机的影响。从中发现阻力系数的突变是由移动物体表面气流的突变而引起的,空气动力学家称之为"阻力悖论"。这个突变由空气流过运动服粗糙表面造成气流紊乱而诱发,因此,运动员最好穿着光滑的紧身服装,表面上最好有 0.5 毫米的细条纹突起,从而使空气平稳地流过,以消除气流紊乱导致的突变。如果衣服穿着正确,C 值可以减小一半,使短跑运动员 100

---

① 如果顺风风速超过 $+2$ 米/秒,成绩不能作为世界纪录。——原注

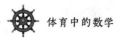

米跑的时间减少至关重要的 0.1 秒。然而在较低的速度下,比如学校运动会上家长进行友谊赛时,速度并不处在阻力悖论认为的能够导致阻力突降的速度范围内,所以穿着莱卡紧身衣无法从中获益,因此我们不做推荐。

水中的三角形

　　水球(water polo)是一项混合了游泳、手球和摔跤的运动。polo 源于维多利亚时代的英属印度语"马球"(polo)一词,实际上是指"球",与马无关。男子水球运动自1900 年以来一直属于奥运会项目,但到2000 年才增加了女子比赛。水球队由 7 名游泳运动员组成,其中 1 人为守门员。比赛分为 4 节,每节 8 分钟,死球时停止计时,因此实际上每节比赛往往会持续约 12 分钟,令运动员筋疲力尽。比赛中只有守门员才能以脚接触泳池底部,国际比赛的标准泳池水深必须大于 1.8 米(6 英尺),没有浅池,因此运动员在比赛的所有时间里都在"踩水"(美国的说法是"打鸡蛋"),或是快速游动。我原来在学校里曾打过水球,亲身体会到这是一项很消耗体力的运动——比赛中游程非常长,不停地加速、转向,或被对方球员推搡、拉扯而奋力挣扎,力保不沉入水下,此外还要躲避高速飞来的球以免遭到重击。运动员一旦控球,要在 30 秒的时间内完成射门或传球给队友。只有守门员可以双手同时碰球,其他球员不能把球浸入水下。

　　在水球比赛的整个过程中,运动员需要长时间集中精力,做到反应敏捷、手眼高度协调。比赛期间会有很多的身体接触和频繁的犯规。如同冰球一样,球员可以被罚下场 20 秒(或直到其队友恢复控球,或进球得分),如果运

动员犯规累计 3 次被罚下场,则失去了再入场比赛的机会(尽管替补队员可以在其被罚下场 4 分钟后再上场)。这些犯规的处罚时间听起来很短,但却频繁出现。队里一共只有 6 名球员,1 名球员的缺失对于全队的影响是相当巨大的,在这种情况下很难避免被对方攻进球门。不像足球,水球比赛不允许浪费任何时间。比赛时即使你避免了失球,花费很多精力在防守上,稍后还有可能付出更大的代价。

如果场上暂时出现比对方多 1 名球员的优势时,则需要根据新的情况重新制定进攻策略,直到将优势转化为进球。此时,对方的防守队员会在 2 名中锋之间进行阻拦、盯防,所以要完成进攻实现进球还是比较难做到。进攻队员可以将球抛出,球在空中的速度显而易见比守门员在水中游动的速度要快。球门宽 3 米,高出水面 90 厘米,因此进攻方如果在泳池内组成长短三角形进行传球、移动,会使对方守门员陷于球门的一侧而无法顾及从球门另一侧射进的球。进攻方应避免横向传球,即把球传给与对手在一条线上的队友,因为这样队友很难接球,而且还很容易出错。相反,进攻方应斜线传球,传球给跟自己距球门距离不同的队友。这样的话,高水平球员可以一气呵成地完成接球、射门动作而不让球碰水,有时候最后一击的过程全在空中完成。另一种射门是在守门员面前直接对水射球,球飞快地从水面掠过"滑进"球门,守门员很难扑住。

当进攻方在人数上有 6 对 5 的优势时,一个典型的进攻队形是 4—2 阵型;4 名进攻球员靠近球门排一行,另外 2 人在几米之后。进攻球员无法在离球门 2 米(门前禁区)内接球,所以不能这么靠近球门,除非球也在这里。

球门
A1 A2 A3 A4
A5 A6

4—2 阵型比 2 行各站 3 人有优势,因为在后一种情况下,防守方可以处在 A1 和 A3 之间、A4 和 A6 之间盯防他们。不过,如果真排成了 2 行各 3 人,那么可以将 A5 移到后面形成第三行,则 A5 不会被对手包夹,并且可以自由地寻找机会射门。这样还能形成更多的斜线传球,使防守方更加被动。

球门		
A1	A2	A3
A4	A5	A6

或更好是

球门		
A1	A2	A3
A4		A6
	A5	

在 4—2 阵型中可以看到进攻的几何路径。有两种有效的大三角形传球路径:A1—A6—A4 或 A1—A5—A4。如果能够吸引守门员移动到前锋 A1 这一侧的球门位置,然后通过 A6 或 A5 快速三角传球到 A4,显然球在空中从一侧移向另一侧的速度比守门员回游补位的速度更快。另一种传球路径是由 A1—A5—A6 组成的三角形。在所有情况下你可以看出,关键应该是三角形的对角传球,要避免尴尬的横向传球。

比赛中,多出一名队员的优势时间不会持续太长,因此所有这些三角形传球的战术需要勤加训练并在高速中完成。水球比赛中经常用到各种专业战术的配合——如同足球中的角球和任意球一样。一般情况下,防守方在缺少一名队员时会显得非常被动,此刻一名身材高大、并能够快速游动的守门员就显得弥足珍贵了。如果有可能去观看奥运会的顶级水球比赛,请务必珍惜这个机会。

飘浮的幻觉

　　当优秀的篮球运动员以及足球运动员跳起将球扣入篮筐或飞身头球射门的瞬间,他们的身体会呈现出飘浮在空中的样子。这很奇怪,因为力学定律告诉我们,运动中的抛体,在重力作用下会不断下坠,是不可能"浮"在空中一段时间的。由此许多人认为,关于这些超人的体育报道纯属是狂热的体育迷和疯狂的评论员的幻觉或夸张描述。

　　持怀疑态度的人说,当一个抛体——在上述情况下是人体,从地面抛出开始,其质量中心(约位于0.55倍身高处)的运动将遵循抛物线的轨迹,抛体本身无法改变这种状况。不过,力学定律精确地描述是抛体的"质量中心"必须遵循抛物线轨迹。人体跳跃时,如果甩动双臂,或将膝盖蜷曲到胸部,可以改变身体某些部位相对于质量中心的位置。向空中抛出一个不对称的物体,如螺丝刀,你会看到螺丝刀的一端沿着一条相当复杂的路径在空中不断翻转,而螺丝刀的质量中心仍然遵循抛物线轨迹。

　　现在我们开始看看一名篮球运动员能做什么。他的质量中心遵循抛物线的轨迹,但他的头并不一定如此。他可以通过改变身体的形状,使其头部在某一阶段(约半秒)内保持在同一个高度。当我们看他跳起时,我们只注意他的头部,而不会注意他的质量中心。乔丹(Michael Jordan)的脑袋确实能在一个很短的时间内保持在同一个水平线上,这不是幻觉,而且也不违反物理定律。

　　这类假象也出现在更加优美的芭蕾舞表演中,女舞者跳跃到空中(图 73.1),做出美不胜收的所谓"劈腿腾跃"动作。演员努力让这艺术性的劈腿产生飘浮在空中的感觉。在上跳阶段,演员分开的双腿到水平位置并将手臂高举过肩,以提高身体的质量中心相对于头部的位置。随后,在落回地面的过程中,腿部和手臂位置下降,身体的质量中心相对于头部也下降了。在腾跃的中间阶段,芭蕾舞演员的头部在空中被视为水平移动,这是因为在跳跃阶段她身体的重心在提高,质量中心始终遵循着预期的抛物线路径,但她的头部都保持在同一高度达 0.4 秒,从而产生了美妙的飘浮幻觉。物理学家使用传感器来监测舞蹈演员的运动过程,图 73.2 记录了跳跃时舞蹈演员头部的位置变化。演员的头部在跳跃过程中确实有一个非常明显的平台期,表明演员确实飘浮在空中,这与她的质量中心所遵循的抛物线轨迹完全不同。

图 73.1

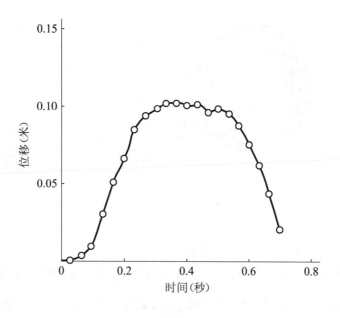

图73.2

反"马太效应"

许多体育项目都是财富陷阱,特别是英国、意大利和西班牙的足球赛。富有的俱乐部会更富有,签约更多球员,赢得更多奖杯,得到更多的电视收入,然后再变得更富有,再赢得更多奖杯,如此循环往复。目前,欧足联正引入一种监督机制,以确定各俱乐部纯粹由足球活动所带来的收入。然而,似乎又出现了很多注意事项、万全措施和过渡期,以防止任何顶级俱乐部因此而受罚。目前还不清楚这些措施会产生什么实际效果。

美国国家橄榄球联盟(NFL)在玩另一种球类运动,但也赚得盆满钵满,就像英国的英超联赛一样。然而不同于欧洲足球,NFL一直小心避免资金不可逆的增长,以免富有的球队更富有、更成功,其他球队再没有机会获得冠军。他们想出了一个对策以避免某一队成为主宰。每年春季,NFL组织一场"选秀"活动,各俱乐部从中招募高中毕业不超过两年半的年轻球员。准球员跟代理签约加入选秀池。选秀过程中有趣的是,前一赛季最不成功的球队获得最优先的选择权,以此类推,前一赛季的"超级碗"冠军要等到最后才有选择的机会。"选秀"活动共进行7轮,每一轮有32次选择机会,在每年复活节前后的几天进行。选秀球员的薪酬反映了他们被选择的顺序,最早被选择的新秀会得到薪酬最高的合同。

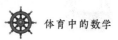

这个过程看来很成功地保证了 NFL 的竞争力。如果你是上个赛季最好的,那么你的对手会在今年的选秀中占有优势,球队之间的差距保持得比较接近。

这种情况可以通过建立一个模型,用一个有趣的被称为延迟微分方程的数学表达式来描述。如果一个团队在时间 t 里的成功(增加收入、赢得比赛或获得奖杯)记为 $S(t)$,那么它的变化率可假定与当前的成功成正比:

$$dS(t)/dt = FS(t)$$

这个方程的解可用 $S(t) = A\exp(Ft)$ 表示,其中 A 是常数。因此如果 F 是一个正的常数,成功将以指数形式随时间的增长而增长(这很像英超联赛);但如果 F 是负数,则成功将随时间呈指数形式下降。NFL 选秀相当于改变这个方程式,使 S 在时间 t 时的增长率并不与 S 在 t 时的值成正比,而是与 S 在过去某一时间 $t-T$ 的值成正比,我们称之为 $S(t-T)$,其中 T 称为"延迟"常数,现在有一个方程:

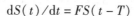

$$dS(t)/dt = FS(t-T)$$

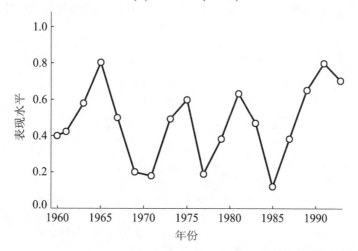

图 74.1

这个变化将使 S 表现出细微的差别,现在它具有稳定震荡的解:

$$S(t) = A\cos[\pi t/(2T)]$$

其中,A 是由起始条件确定的常数。这个震荡从峰值到峰值的周期[①]等于 $4T$。

这是否有用呢?在过去几年里,NFL 的球队纪录似乎遵循了这种震荡模式。他们采用大约 $T=2$ 的延迟模型,所以我们希望看到在 $4T=8$ 年的周期循环中,这种独特的选秀方式对每支球队的命运造成的影响。班克斯(Robert Banks)研究了水牛城比尔队与芝加哥灰熊队的比赛结果(赢 1 场得 1 分,平局得 0.5 分,输球 0 分),得出了明显的成功周期分别为平均 8.3 年和 8.0 年。水牛城比尔队的表现如图 74.1 所示。以整个 NFL 的平均数看,班克斯发现 8.24 年的成功周期与简单的延迟方程模型很匹配。现实中还有许多其他因素也在起作用,影响到一支球队的成功——良好的管理、好的运气、队员受伤少、精湛的战术——但该模式的成功要归因于 NFL 选秀规则,一个简单的延迟系统,它能确保弱队变得好些,强队变得差些。这对于欧洲足坛或许是一个积极的创新契机。所有球员都希望转会,或从青年队进入职业队,希望在赛季开始的时候获得上场机会,第一个被上一次联赛中最不成功的球队选中。

----

① 震荡周期为 $2\pi/\omega$,其中 ω 是 $\cos(\omega t)$ 的频率。——原注

比赛中的种子队

就像温布尔登网球公开赛或欧洲足球冠军杯赛一样，淘汰制比赛有一个种子选手机制，确保最佳参赛者有机会进入比赛最后阶段，避开彼此之间过早的竞争。对温布尔登网球公开赛来说，种子选手的确定是经过缜密考虑的，即根据过去的比赛成绩形成的当前的世界排名来决定。排名最靠前的两名种子选手分别排在各自抽签组的顶部，如果他们均战胜了所在小组的每一位对手，则他们将在决赛中相遇。欧洲足球冠军杯赛专门做出有关规定，以避免在小组赛（非重要比赛）中相遇过的球队再次在淘汰赛中相遇。英格兰足总杯是一种最纯粹的竞赛，联赛俱乐部中排位较低的两支球队在完成非联赛球队的五轮资格赛后才能参加第一轮的比赛。英超联赛和冠军杯赛球队直接进入第三轮，但第三轮的抽签完全是随机的：排名前二的球队可能马上会在球场遭遇。随后每轮比赛重新随机抽签，因此球队不能预见在未来的几轮中可能（或不能）遇到谁。这是淘汰赛中最令人兴奋的安排。顶级球队可能被小"巨人杀手"淘汰，因此比赛有很大的不可预测性。顶级俱乐部讨厌它，因为他们想从比赛中赚钱，这就是为什么冠军杯赛的资格赛阶段有无数场无聊的比赛，以确定哪些球队被淘汰。可以肯定的是，在两场比赛（主场和客场）后没有哪支球队会被淘汰掉。事实上，即使是在资格赛中被淘汰的球队，也还可以参加二流的欧霸杯下一轮的比赛。它就像那些电视真人秀节目"舞动奇迹"一样,永远在淘汰竞争对手。

在淘汰制比赛中,如果有 N 个竞争对手,那么需要 r 轮比赛,这里 $N = 2^r$。足总杯有 $256 = 2^8$ 支球队,所以在决赛前有七轮比赛。比赛主办方确保前期预选赛产生的参加第一轮比赛的球队数量正好是 2 的整幂次方。那么,如果主办方对参加比赛的球队数量不加以控制,情况将会怎么样? 在这种情况下,需要使 $2^r - N$ 个参赛队在第一轮轮空。然后剩下的进入下一轮的球队数为 2 的幂次方,一切都像前面经过的那样。例如,如果有 28 支参赛队,那么需要使 $2^5 - 28 = 32 - 28 = 4$,即有 4 支球队在第一轮轮空。其他 24 支球队互相比赛,12 支胜出队和 4 支轮空队共 16 支球队进入第二轮。

从一开始,联赛的组织者就明确制定了整个过程中各队的比赛模式(不像足总杯),我们可以计算出两支最好的球队在与 $N = 2^r$ 支队比赛后在决赛中相遇的概率。我们注意到,两组抽签时,如果两支最好的球队抽在了同一小组,则他们可以期待的最好结果只能是在半决赛中相遇,决赛中相遇是不可能发生的了。每一组参赛球队数为 $N/2$,当最好的球队选定自己的位置后,同组应该还有 $N/2$ 个位置,而另一组有 $N/2$ 个位置。因为它们只能在决赛中相遇,所以如果他们处于不同的两个抽签组的话,可以看到这两支队相遇的概率是 $(N/2 - 1)/(N - 1)$。因此,如果有 $N = 32$ 支参赛队,则最好的两支球队在决赛中相遇的概率是 $15/31$,略低于 50%。当参赛队的数目增加时,则最好的两支球队在决赛中相遇的概率就更接近 $1/2$。

固定的竞赛图

我们已经看过种子选手淘汰赛及其架构的基本特征。很明显，如果联赛的进行完全由第一轮的抽签决定，那么有的运动员能够在前期避开实力强大的选手，但一些高手有可能会被淘汰，因为他们在一开始就遭遇到了更强的对手。你能安排好抽签，使得相对较弱的选手赢得比赛吗？

为了实现这一目标，我们需要对事件进行反向设计。为简单起见，我们假设有 8 名参赛者，分别称他们为 A、B、C、D、E、F、G 和 H。若要使 H 赢得冠军，需要做些什么？决赛前将会进行两轮比赛，如果每个人都参加比赛，那么 H 必须比其他 3 人做得更好。

H 打败 G，E 打败 F，D 打败 C，A 打败 B

H 打败 E 并且 A 打败 D

H 打败 A

我们能够设计的最不寻常的结果，就是 H 只要比 3 个对手 A、E 和 G 优秀，击败他们，就能获得冠军。接下来，我们需要 A 比 B 好，并且 D 和 E 要比 F 好！我们看到，H 并不需要在整体排名中非常靠前——只要在 8 名选手中名列第 5 即可。H 如果抽到跟 F、B、D 或 C 比赛的话，则可能输给他们。但 H 可以凭借一开始抽签时对自己有利的操作，最终赢得冠军。

风助马拉松

　　2011年4月18日,波士顿马拉松赛上男子冠军将原世界纪录缩短了近1分钟。肯尼亚选手杰弗里·穆泰(Geoffrey Mutai)[与此前一天获得伦敦马拉松赛冠军的伊曼纽尔·穆泰(Emmanuel Mutai)没有关系]用2小时3分2秒跑完了全程。这比格布雷塞拉西(Haile Gebrselassie)创造的世界纪录快了57秒——这是一个巨大的进步。值得注意的是,排名第二的运动员莫索普(Moses Mosop)仅落后他4秒。

　　运动员喜欢单程式马拉松,它没有枯燥的绕圈跑,不必在赛程后期跟在穿着各式奇装异服的大队人马后面——感觉就像在动物园一样。相比之下,观众、组织者和媒体则喜欢看运动员在一个大型室内场馆内绕圈跑,因为这样可以有更多的机会看到运动员们从自己面前跑过,沿途也几乎不用设置食物和饮料供应站,而且还可以更方便地监测所发生的一切事情。

　　单程式马拉松和闭环式马拉松在其他方面也存在差异。例如单程式马拉松的赛道可以是下坡,为了限制这种优势,世界纪录要求比赛终点的海拔高度可以比起点低,但落差不能超过42米,中间的起伏变化则忽略不计。不幸的是,波士顿马拉松赛道的海拔高度持续下降,远远超过了规定所限,达139米——尽管沿途起伏的山丘缓解了落差①。

---

① 图森马拉松赛道从开始到结束落差超过600米。这相当于一个质量为60千克的长跑选手被其体重的0.014倍的力量——8.2牛推着向前跑。——原注

海拔落差不是 2011 年波士顿单程式马拉松赛的世界"纪录"备受争议的原因。如果单程式马拉松比赛进行过程中风吹得恰到好处,选手能在整个 26 英里(41.86 千米)的赛程中获得风的帮助——在短跑、跨栏和跳远比赛时,如果顺风风速超过 2 米/秒,运动员所创造的成绩不载入世界纪录。在波士顿马拉松赛上,当时明显刮着风,根据当时播音员的报道,风速大约为每小时 24 千米(6.67米/秒)。比赛时刮强顺风也被媒体报道所证明:许多选手事后说,他们在大部分赛程上没有感觉到有风——运动员的感觉是正确的,如果奔跑的速度与顺风风速相等的话。冠军获得者的平均速度为 5.7 米/秒,相当接近报道中提及的风速。

当运动员在风速 v' 时以速度 v 奔跑,他受到的阻力为:

$$F_{阻力} = -(1/2)\rho CA(v-v')^2$$

其中,C 为阻力系数,A 是身体迎风的横截面积,空气密度 ρ 为 1.2 千克/米^3。对于典型的优秀马拉松选手(穆泰的质量是 56 千克,身高 1.83 米)来说,常量 CA 约为 0.45 米^2。从这个表达式可以看出,当风速接近运动员的奔跑速度,即 $v'\to v$ 时,奔跑时根本无须做功对抗空气的阻力($F_{阻力}\times v$)。

在穆泰的波士顿"纪录"中,他的平均速度为 42195/7382 = 5.7(米/秒),这大约等于每小时 13 英里(20.93 千米)。在无风($v'=0$)的环境中,运动员以 5 米/秒的速度奔跑时,平均阻力为 0.5×1.2×0.45×25 = 6.8(焦/米)。对优秀长跑选手的研究表明,他们在平地上跑步时的能量消耗保持在 3.6 焦(千克·米),能量消耗很大程度上取决于运动员的奔跑速度。对于体重 60 千克的选手来说,无风状态意味着他需要 3.6×60 = 216(焦/米)来维持稳定的奔跑状态。强大的顺风为运动员节约了大约 6.8 焦/米(与图森马拉松赛由赛道下降造成的重力优势差不多),因此顺风和无风状态下长跑所需能量的比为(216 - 6.8)/216 = 0.97——节省了 3%。能量消耗与奔跑速度成正比,而且完成的时间与这个速度成反比,所以我们可以看出,顺风产生的效果是将完成比赛的时间 7382 秒减少了 7382×

0.03 = 222（秒），即 3 分 42 秒。由此根据穆泰在"风助"下的成绩推算出，无风时的马拉松成绩应该为 2 小时 6 分 44 秒。

　　还有最后一个因素可以佐证风力确实提升了穆泰的成绩：事实上在比赛的前半程，他跑在一群紧紧挤在一起的选手中，没有充分感受到背后顺风所带来的好处。我们假设他只是在后半程比赛中得到了风助，并跑出了惊人的 61 分 4 秒——仅仅这个成绩就说明他充分得到了顺风的帮助——后半程的成绩整体提高了 110 秒。因此实际有效的总成绩应为 2 小时 4 分 52 秒。风力的真正作用效果可能介于 110—222 秒之间。与此同时，马坎于 2011 年 9 月 25 日创造的 2 小时 3 分 38 秒被正式接受为新的世界纪录。

上　坡

　　跑步者和骑自行车者对于丘陵的影响有着深切体会。跑步者上坡时多花费的时间大于下坡时节省的时间。自行车则好些,因为骑车者自高处下行时,不需要做任何努力就能滑下坡去,但跑步者下坡时仍需要努力摆动双腿。

　　假设骑车者加上自行车后总质量为 75 千克,以 10 米/秒的速度骑行,那么他必须克服的摩擦力约为 $0.004 \times 75 \times 9.8 = 2.94$(牛)。对抗这个力所做的功率为该摩擦力乘以速度 10 米/秒,得到的结果为 29 瓦,也就是需要 29 瓦的功率用以克服车轮滚动带来的摩擦力。一般来说,如果没有风,骑车人以速度 v 在密度为 ρ 的空气中骑行,假设身体迎风的横截面积为 A,空气阻力系数为 C,则 $CA = 0.25$ 米 ^{2},通过计算得出,骑车人必须克服的空气阻力为 $0.5\rho CAv^2 = 0.5 \times 1.2 \times 0.25 \times 100 = 15$(牛),由此得到所需的功率为 15 牛 $\times$ 10 米/秒 ^{2} = 150(瓦)。

　　我们看到,骑车者需要付出大约相当于摩擦力 5 倍的力去克服空气阻力。骑车者付出的总功率约为 $150 + 29 = 179$(瓦)——如果将骑车者当作发电机的话,其发出的功率几乎足够点亮 3 只 60 瓦的灯泡了。

　　现在,让我们来比较一下骑车者在一条长 5000 米、坡度为 $1:G$ 的坡道上上行,然后在同样坡道上下行时的情形。当骑车者上坡时,他必须克服额外的力——重力。这个力等于骑车者和自行车的重量乘以 $1/G$[①]。在我们的例子中，重力为 $(75 \times 9.8)/G = 735/G$（牛）。我们可以看到，如果坡道的坡度为 1:10，那么这个力就等于 73.5 牛，比空气阻力大很多。

下坡时的情况如何呢？现在向下的重力使骑车者受益并加速下行，而空气阻力和摩擦力（更小）则相反。当这两个力相等时，自行车会以恒定的速度下行，因为此刻在前进方向上的净作用力为零，在这种情况下：

$$0.5\rho CAv_{下降}^2 = mg/G$$

因此，恒定的下降速度是：

$$v_{下降} = \sqrt{2mg/(\rho CAG)} = \sqrt{2 \times 75 \times 9.8}/\sqrt{1.2 \times 0.25 \times G}$$
$$= 70/\sqrt{G}（米/秒）$$

如果坡度为 1/10，则 $G = 10$，此时我们得到一个令人生畏的下行速度——22 米/秒。

我们设骑车者在水平路面上的前进速度为 $v_{水平}$，上坡时的速度为 $v_{上}$，下坡时的速度为 $v_{下}$，这 3 个速度之间存在着一个美妙的关系。在水平路面上，如果骑车者在一定的时间内以恒定功率 P（功率 = 作用力 × 速度）骑行，那么：

$$P = (1/2)\rho CAv_{水平}^3$$

上坡时以一定功率来克服重力的分力，所以我们得到 $P = mgv_{上}/G$。最后下坡时，我们有 $v_{下}^2 = mg/(0.5\rho CAG)$。如果我们将这些表达式结合起来，可以发现这 3 个速度之间存在一个简单的关系：

$$v_{上} = v_{水平}^3/v_{下}^2$$

如果在水平路面上以 10 米/秒的速度骑行，那么在恒定功率情况下，在坡度为 1/10 的坡道上的上坡速度为 $0.2G = 2$（米/秒），下坡速度则为 22 米/秒。

[①] 向下的重力在斜坡方向上的分量是 $mg\sin A$，其中 A 是斜坡与水平面的夹角，$\sin A = $ 垂直落差/斜坡的距离 $= 1/G$。——原注

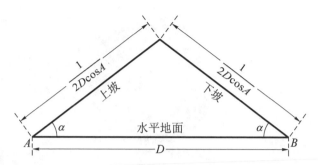

我们还可以比较一下时间。骑车者在水平路面上从点 A 到点 B、以速度 $v_{水平}$ 骑行了距离 D 所用的时间记为 $T_{水平}$。同一人从 A 点以速度 $v_{上}$ 在坡度为 $1/G$ 的坡道上骑行 $1/(2D\cos A)$ 距离[①]，然后以速度 $v_{下坡}$ 经过同样坡道下坡到达 B 点，他所用的时间记为 $T_{坡道}$。对于骑车者来说，如果在水平路面上保持 10 米/秒的速度骑行，那么在坡道路面上花费的时间 $T_{坡道} = 2.5T_{水平}$。

---

① 请注意，水平距离是 $D/2$，向上或向下的斜坡距离是 $1/(2D \times \cos A)$。——原注

心理动力

在许多比赛中,一方有时会出现"莫名其妙的溃败""表现欠佳""霉运当头"等情况。对手被"鼓舞了士气",卷土重来,成功地"逆转了比赛进程""不可思议"地赢得了比赛。所有这些词句,以及它们所描述的这些异常事件,表明体育运动中存在一种"心理动力",导致比赛违反"球队赢得一场比赛或得到一分与之前的比赛毫不相关"这样一种冷冰冰的数学假设。

让我们暂时忘掉心理学来分析一下比赛。比如网球赛,假设每名选手赢得 1 分的概率都是 P,而失去 1 分的概率都是 $1-P$,如果我们忽略发球带来的优势,这两种概率怎样影响赢得一局的概率呢?

有几种途径可以赢得一局。最简单的是以 40:0 连得 4 分,如果所有得分都是独立的,且双方选手都没有被之前的比赛所影响,那么它发生的概率是 P^4。为简单起见,我们不考虑决胜局。以 40:15 赢的概率是 $4P^4(1-P)$,因为有 4 种方法可以达到 40:15 的局面。每种方法都要求以 P 的概率得 3 分,并以 $1-P$ 的概率失 1 分,然后再以 P 的概率赢得 1 分从而赢得比赛。计算以 40:30 获胜的概率时,先计算出有 10 种使比分达成 40:30 局面的方式,再乘以再次赢得 1 分的概率,得出的概率是 $10P^4(1-P)^2$。最后我们需要算出双方打成平手后决出胜负的概率。双方有 20 次打平(40:40)的机会,即 $Q = 20P^3(1-P)^3$。打平后获胜的概率是多少？你可以直接赢得 2 分,概率是 P^2。或者失 1 分然后再得 1 分(反之亦然),把你带回到平局的状况,使你赢得比赛的概率又变成 Q。因此我们得到 $Q = P^2 + 2P(1-P)Q$,即 $Q = P^2/[P^2 + (1-P)^2]$。

我们现在把赢得比赛的不同途径——40:0、40:15、40:30 以及平局——的概率相加,计算当赢得 1 分的概率是 P 时,赢得比赛的总概率 G:

$$G = P^4 + 4P^4(1-P) + 10P^4(1-P)^2 + P^2/[P^2 + (1-P)^2]$$

$$= [P^4 - 16P^4(1-P)^4]/[P^4 - (1-P)^4]$$

如果两位选手势均力敌,则 $P = 0.5 + u$,其中 u 非常小(远远小于 1/2,所以与 u 相比,我们可以忽略 u^2 那样的小数)。我们发现 G 大约为 $G = 1/2 + 5u/2$[①]。如果两位选手旗鼓相当,则 u 等于 0,$G = 1/2$,所以他们赢得比赛的概率是相等的。然而,如果 u 略微大于 0,我们可以看到,这个边际优势 u——选手赢得 1 分的优势——最终将使选手赢得整个比赛的概率增大 $5u/2$。

我们可以继续算出赢得第二局、进而赢得一局比赛的概率 S[②]。总的来说,赢得 1 分的一个很小的优势 u 可以在一场 3 局的比赛中转化成一个大约 $11u$ 的优势,在一场 5 局的比赛中这个优势大约为 $13u$。能力上的很小的差异就能造成长时间比赛的竞争性变差,出现一边倒的局面,尽管评分系统试图通过改变比赛顺序和多赛几局的方法来彻底改变这个局面。

现在让我们换一种方法,把心理因素也考虑进去。如果你赢了第一局,那么就能提振你的信心,使你在第二局中比假如输了第一局更爱冒险。因为在后者情况下,如果又输掉了第二局,将会面临全面失败。如果你在五局三胜制比赛中赢得了前两局的胜利,你将比对手拥有更强大的心理优势,使你更容易赢得第三

---

① 将系列中的 P^4 和 $(1-P)^4$ 展开到 u^2,当忽略 u^3 和 u^4 项(因为它们与 u 和 u^2 相比小很多),你会发现 $S = (8u + 40u^2)/16u = 1/2 + 5u/2$。——原注

② 同样,不考虑决胜局,赢得 3 局比赛的概率是 $S_3 = S^2 + 2S^2(1-S)$,而赢得 5 局比赛的概率是 $S_5 = S^3 + 3(1-S)S^3 + 6S^3(1-S)^2$。——原注

局进而夺取比赛的胜利。赢得第一局的概率 O 等于赢得一局的概率 S 除以输掉这局的概率,即 $O = S/(1-S)$。但假设你赢得了第一局,你将获得心理上的激励 B,这时你赢得下一局的概率变成了 $O \times B$,但如果你输了的话赢得下一局的概率就降到了 O/B。如果你又赢得了第二局,那你赢得第三局的概率就又增大了一个心理因数 B,变成了 $O \times B^2$。三局两胜制比赛中的可能性分支如下图所示:

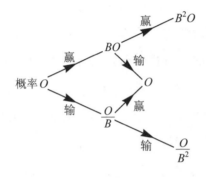

图 79.1

当 $B=1$ 时,赢得之前一局比赛并没有带来任何心理上的优势;但当 B 大于 1 时,每赢一局的优势增长很快。以 2–0 获胜的概率是 B^2 乘以之前获胜的概率,2–1 获胜的概率是 B 乘以比赛初始时的获胜概率。这个简单的概率与我们之前算出的得 1 分的优势转化成赢得一局的优势很不一样。在现实中,两位选手的某些个人元素,再加上一个小小的随机因素,以及发球时大大增加的得分概率(对顶级选手来说超过 2/3),它们结合在一起,创造出一个完整的画面,揭示了生理和心理因素如何影响像网球这样渐进式比赛的结果。

进球，进球，进球

　　有4种奥运会项目与射门有关。它们都有一个目标，即努力把球送进被称作"球门"的规定矩形区域内（也叫进球），而守门员则试图挫败这些努力，扑住球或者让球偏出球门柱。这4种以进球为目标的运动分别是足球、水球、手球和曲棍球，它们在不同大小、不同材质的赛场上进行比赛；比赛用球也有很大的不同。这些运动也都有罚点球一说，进攻方偶尔会得到这样的机会，一名球员不受任何阻拦地将球射向对方的球门，而对方只有守门员一个人进行防守。

　　下表列出了这4种运动项目的各种尺寸数据，用以比较每种运动进球的难度。前3列记录了进攻方必须攻克的球门的高度、宽度和球门面积。从中你可以发现，发源于欧洲大陆的现代手球比赛的球门尺寸是以米为单位的整数。其他3种运动都起源于英国，它们的球门尺寸最初都以英尺或码这样的英制单位来定义（例如足球的球门有8码长，8英尺高），所以在转换成米制单位后显得很奇怪。第四列以厘米为单位列出了各项运动的球的直径，这就是进攻方必须要射进对方球门里的东西。第五列给出了罚球点到球门的距离。第六列记录的是球的横截面积，接下来的一列是球门面积与球的横截面积的比值。这表明有多大的空间可射门得分。最后一列给出了罚球点距离与球门面积的平方根的比值。最后一列的数值 $l/\sqrt{A}$ 叫作"罚球系数"，它没有单位，用于衡量在罚球点射门时得分的难易程度。$l/\sqrt{A}$ 的值越大意味着得分越困难。这或许是因为 l 越大意味着罚球点越远，又或许是因为 A 越小意味着射门的目标区域面积越小。相反，$l/\sqrt{A}$ 越小越容易得分。有趣的是，尽管这 4 项运动的球门大小以及球的大小都有很大的差别，罚球点到球门的距离也有很大出入，但它们的"罚球系数"却很接近。将罚进一个球的难易程度依次排队，从最容易到最困难的依次是曲棍球、足球、手球和水球。不过最引人注目的还是它们的相近性。

运动	球门高度（米）	球门宽度（米）	球门面积 A（米²）	球的直径（厘米）	罚球点距离 l（米）	球的横截面面积 B（米²）	A/B	罚球系数 $l/\sqrt{A}$
足球	2.44	7.32	17.86	22.0	11	0.038	470	2.6
水球	0.9	3	2.7	22.0	5	0.038	71	3.0
曲棍球	2.14	3.66	7.83	6.8	6.4	0.003 6	2 175	2.3
手球	2	3	6	18.8	7	0.028	214	2.9

完全沉浸

　　自由泳选手在泳池中追求尽可能快的游泳速度,必须克服由水带来的多种形式的阻力。与跑步运动员或自行车运动员不同,除了最开始和折返的瞬间,游泳运动员无法像他们那样用脚蹬地面或踏板来推动自己前进。游泳时,85%以上的前进推力都来自运动员以胳膊和手做的功,同样用力情况下,游泳速度大约为跑步时的四分之一。游泳时手在水中的动作像水翼一样,产生升力同时也产生阻力(图81.1),这两个方向不同的力都与水的密度、游泳者的速度和手的表

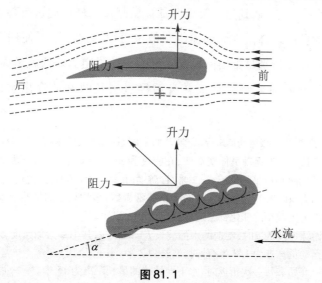

图 81.1

面积成正比。升力把人向上推,而阻力则和前进的方向相反。两力的大小微妙地取决于手掌切入水中以及向后划水的角度。教练的指导和精心优化的泳姿可以使游泳速度出现很大的提升。

游泳运动员向前游动时会遇到三个主要的阻力。它们分别由水的摩擦、水压和水波造成。贴近游泳运动员身体的一薄层水产生摩擦阻力,如果这一薄层中的水为涡流而不是稳流,摩擦阻力将会达到最大值。摩擦阻力是由游泳运动员的速度、体型、身体的流线型程度以及体表的光滑程度决定的[①]。正如我们分析其他有阻力的介质中的运动案例时见到的,这个阻力与游泳运动员的速度的平方以及身体在运动方向上的横截面积成正比。

第二类阻力是由水压造成的。因为泳速快,运动员前面的水压(高压)和后面的水压(低压)之间会形成一个压力差。由于这个压力差而形成的阻力大小取决于压力差乘以游泳运动员的横截面积以及速度的平方。

第三类阻力来自水波,它在水面附近对游泳造成影响。有些游泳运动员的能量就消耗在制造波浪上了。随着游泳速度增加,产生更多的能量,导致水波从波峰到波峰间的振幅和波长增大[②]。一旦水波的波长大于游泳运动员的身长,他就会发现自己被一个由自己制造的波谷所困住,导致自己无法游得更快。游泳运动员的个头越小,遇到这个问题时泳速就越慢。然而通过改善划水技术,优秀的游泳运动员可以降低水波的振幅。他也可以通过在水下使用海豚式踢腿,在比赛的部分赛程特别是重要阶段完全排除掉这类阻力。这就是为什么自由泳运动员在比赛开始时或触壁翻滚转身后经过很长时间才浮出水面的原因[③]。

---

① 对于速度极快的世界级运动员来说,身体周围的水流往往会变成湍流。雷诺数 $Re = vL\rho/\mu$,所以当一名身长 2 米的运动员伸展双臂,在密度为 $\rho = 1\,000$ 千克/米^3、黏度 $\mu = 0.9 \times 10^3$ 牛·秒/米^2 的水中以平均速度 $v = 2$ 米/秒游动时,$Re = 450\,000$,而稳流突然发展成湍流的临界值约为 500 000。因此,目前的平衡非常微妙,平均划水周期略有加快,或游泳选手身体周围发生微小的变化都会造成湍流。——原注

② 当运动员游泳速度为 v 时,制造的水的波长 $L = 2\pi v^2/g$,其中重力加速度 $g = 9.8$ 米/秒^2。这相当于运动员泳速为 1.8 米/秒时,波长为 2 米。——原注

③ 规则允许一开始和每一次折返时,水下允许待的最长距离为 15 米。——原注

2010 年美国运动员泰勒打破 50 米仰泳世界纪录,让大众兴奋的是,时间缩短了整整 1 秒！他整个水下时间都使用海豚式踢腿,彰显了他在水下保持身体流线型的非凡能力。但他被取消了比赛资格,所以他的 23.1 秒的成绩并没有取代原先 24.04 秒的仰泳世界纪录。

这三类阻力随着运动员泳速的增加逐个开始发挥作用。在休闲式的低速游泳时,摩擦阻力是最主要的阻力。如果游泳的速度太低,那就不会在身体两端产生显著的压力差,因此也不会形成波长很长的波浪。当泳速加快后,运动员身后的压力减小,身前的压力增大,由压力差造成的阻力最终将变得比摩擦阻力大。当泳速进一步提高,接近顶级游泳运动员的 1.5—2 米/秒时,产生的长波浪会使水波阻力变得越来越突出。在速度超过 1.3 米/秒时,总的阻力将达到大约 40 牛,此时来自水波的阻力大约占总阻力的 0.56。

让我们快速浏览一下游泳世界纪录的历史(图 81.2),看看在教练的带领下,通过对游泳的科学认知,了解有效的划水方法后对成绩提高产生了多大的影响,就像美国人康西尔曼(James Counsilman)在 20 世纪 80 年代做的那样。1964 年 100 米自由泳的世界纪录分别是:男子 52.9 秒,女子 58.9 秒。现在这两项纪录分别是:男子 46.91 秒和女子 52.09 秒,均提高了 6 秒。顶级女子游泳运动员已经比 1964 年的男子奥运会冠军游得还快。超级体育明星斯皮茨(Mark Spitz)曾在 1972 年慕尼黑奥运会上赢得 8 枚金牌,当时他在 100 米自由泳中游出了 51.22 秒的世界纪录并夺得金牌,但这个成绩要是放到现在,甚至没资格参加美国的奥运会选拔赛。

在同样的时间段里,田径比赛中的 400 米跑世界纪录的变化给我们带来了一个有趣的对比。1964 年世界纪录分别是:男子 44.9 秒,女子 51 秒。而现在,这两个纪录分别为 43.18 秒和 47.6 秒,分别提高了 1.7 秒和 3.4 秒——远低于同期游泳纪录所提高的 6 秒,尽管当时已经出现了全天候的跑道。很显然,优化游泳动作可大幅提高游泳速度,而改进技术对于提升跑步速度的作用却相对有限。

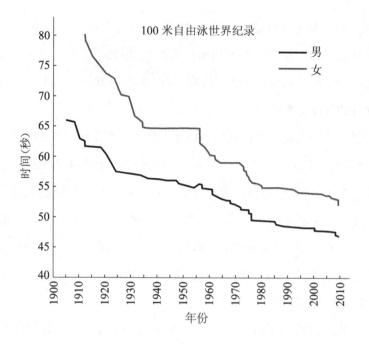

图 81.2

大不列颠足球队

　　为什么英国队不参加奥运会足球比赛,这对所有人来说都是个未解之谜。很久以前英国队参加过奥运会足球比赛。1896 年的奥运会还没设置足球比赛,但是在 1900 年巴黎奥运会上,厄普顿公园俱乐部队代表英国参加了比赛——它跟西汉姆联队以及现在的同名球场没有什么关系[1]——并以 4 比 0 击败法国队获得了冠军。当时只有英国、法国、比利时、德国和瑞士报名参赛,德国和瑞士后来又退出了比赛。1904 年,只有一支来自圣路易斯的足球俱乐部队和一支来自加拿大的足球队参加了奥运会足球赛——从欧洲来到圣路易斯的旅费太过昂贵。

　　1908 年伦敦奥运会时,英国被说服组织了足球比赛,较低的旅费吸引了 8 支球队参赛,这些球队全部来自欧洲大陆,其中两支球队来自法国。匈牙利和波希米亚后来退出了比赛,使荷兰和法国 A 队首轮比赛轮空,直接晋级下一轮。在谢菲尔德布什区老的白城体育场内 8000 名观众面前,英国队在决赛中以 2 比 0 击败丹麦队,夺得了金牌。所有比赛结果如下:

---

① 他们是一支业余俱乐部队(所有奥运会选手都是业余选手),参加了 1871—1872 赛季的第一届足总杯,1911 年解散。——原注

四分之一决赛

荷兰(轮空)击败匈牙利(退出)

法国 A 队(轮空)击败波希米亚(退出)

英国 12:瑞典 1

丹麦 9:法国 B 队 0

半决赛

英国 4:荷兰 0

丹麦 17:法国 A 队 1

决赛

英国 2:丹麦 0

奇怪的是,在争夺季军的比赛中,由于法国 A 队退出了比赛,荷兰队以 2 比 0 击败瑞典队夺得了季军。

顺便提一句,银牌获得者丹麦队中的一名队员哈拉尔德·玻尔(Harald Bohr)是一名纯粹数学家,也是著名的物理学家尼尔斯·玻尔(Niels Bohr)的弟弟,而尼尔斯本人也是一名技艺高超的守门员。哈拉尔德在丹麦队的揭幕战中梅开二度。在 1912 年斯德哥尔摩奥运会上,有 11 支球队参加了比赛,英国队在决赛中以 4 比 2 的比分再次战胜丹麦队。

英国队参加了 1920 年的奥运会足球比赛,但他们在第一轮的淘汰赛中被挪威队以 3 比 1 淘汰。那年的足球比赛以很糟糕的结局收场,也是足球史上重要赛事中唯一一场没有比完的决赛。决赛在东道主比利时队和捷克斯洛伐克队之间展开,比赛临近结束时,一名捷克斯洛伐克队员被罚下场,他的队友随后也跟着离开了球场。他们抱怨裁判(都是英国人)的偏见和来自观众席中比利时士兵的恐吓,比赛最终默认比利时队以 2 比 0 取胜并获得金牌。

此后直到 1936 年,英国队才再次参加奥运会足球比赛[①]。之后再次参赛是

---

① 由于有关专业队的争论,他们在 1924 年和 1928 年退出比赛。战时他们也不愿意与敌国比赛,这就是为什么他们在第一次世界大战后没有参加国际足联的原因。——原注

在战后的 1948 年伦敦奥运会上,英国队在巴斯比(Matt Busby)的带领下,在家门口取得了第四名的成绩。在 1952 年、1956 年和 1960 年的奥运会上,英国队在比赛的前几轮就惨遭淘汰,在 1964—1972 年这段时间里,英国队甚至没有获得奥运会足球比赛的参赛资格。此后他们再也没有参加过奥运会足球比赛。

为什么不参加比赛了呢? 外人非常奇怪,作为"足球故乡"的英国,为何不参加奥运会足球比赛? 尤其当曼彻斯特市借着著名球员如查尔顿(Bobby Charlton)和贝克汉姆(David Beckham)的名头,代表英国申办 1996 年及 2000 年奥运会的时候,这个现象看起来更奇怪了。这个反常现象当时广为人知。基于政治考虑,奥委会深思熟虑后当时未授予英国城市奥运会的承办权,英国彻底错过了这个重要时机。

英国足球队缺席奥运会之谜的答案是:由于政治上的原因。它有 3 个主要因素。由于历史的原因,4 个传统足球成员——英格兰、北爱尔兰、苏格兰和威尔士——都是国际足联的独立会员。因此,国际足联的会员比联合国的还多!由 8 人组成的国际足球协会理事会掌管着足球比赛的规则制定任务,其中有 4 人是国际足联的成员,另外 4 人即来自以上 4 个地区。

所以,当 1974 年奥运会第一次允许职业选手和业余选手同台竞技后,英国队退出了奥运会足球比赛。他们担心英国队参加比赛会招致来自其他国际足联会员的压力,要求他们把这 4 个成员的球队合并成一支专业的足球队。可是运动员们并不喜欢这个提议,因为这意味着他们参加这个国际赛事的可能性突然减小为原来的 1/4,而且这支球队可能清一色都是英格兰球员。此外,老对手也挑起人们反对合并,这些人包括球员、支持者和民族主义政党人士,比如苏格兰民族党首席大臣萨尔蒙德(Alex Salmond),他有充分的政治理由反对合并。另一个更微妙的障碍是,如果合并,这 4 个政治同盟团体在国际足联内的 4 张选票将会突然变成 1 张。最近爆出的国际足联高层贪污的丑闻,使英格兰决定推迟布拉特在 2011 年是否连任的投票表决,这个提议得到了苏格兰的支持,但没能得到威尔士和北爱尔兰的支持。他们可能担心如果他们惹是生非的话,他们的独立地位将会遭到挑战。

尽管如此,所有人都希望在 2012 年奥运会上,这些担忧可以搁置一边。作为东道主,英国不需要争夺奥运会足球赛的资格权,一个统一的球队很可能会出现在公众面前。然而,尽管有当时的英国首相和英国奥委会主席的鼓励,苏格兰、威尔士和北爱尔兰足协都拒绝了加入英国队的提议。他们不相信国际足联的"不会开创将他们都并入英格兰足协这个先例"的保证。不过这些国家的球员允许被其他队邀请参加比赛,尽管他们的俱乐部会对他们参加这些额外的赛事感到非常不满。唯一的解决方案似乎是让所有这 4 个成员的球队以大不列颠队的名义参赛。我们将来会看到这一幕的!

奇怪但却真实

你管理着一个运动俱乐部,并将其中的各队按等级划分——第一级、第二级、第三级、初级,一直往下直到新人。你的俱乐部很大,管理结构也分很多层次。你经常需要做出决定,提拔一些渴望上一个台阶的人,比如低级组的队员或者中层管理者。所有的大型组织都是如此。假定有两名候选人,一个在当前的职位上做得很成功,而另一个则显得能力不足,提拔谁呢?大部分人会优先提拔前者,并将此看作是一个"非常简单的问题"。然而,加拿大心理学家彼得在1969年提出了著名的"彼得原理",反对这个常识性的观点,认为人们不一定会在更高一级的工作或比赛中表现得那么好,因为那里可能需要不同的技能。

常识性晋升观点的一个显而易见的结果是,每个人都会向上移动,直到他们发现自己无法胜任某一个岗位。他们不会再被升,整个组织的每一个职位上都是无能之辈!因此彼得认为,一个组织的每一位新成员都会向上爬,直到他们达到了他们根本无法胜任的那个职位。

在根本上,彼得原理基于一个假设:在一个组织中,各个级别能力的要求不太相关或根本不相关。常识性的观点假设它们之间是相关的但有效性并不是很明确。优秀的老师不一定能成为优秀的班主任,优秀的足球运动员不一定能成为优秀的经理,优秀的研究人员不一定能成为优秀的大学校长,优秀的运动员不一定能成为优秀的教练,优秀的医科学生不一定能成为优秀的医生。

最近有人开展了一项研究,用计算机模型测试不同组织的晋升策略所带来的结果。引人注目的是,他们发现提拔最不称职的人可以将组织的总体能力最大化,而提拔最有能力的候选人则会明显降低组织的总体能力。

	提拔最棒的人	提拔最差的人	随机提拔最好的和最差的人
不同的工作要求有相关性 (常识性的观点)	+9%	−5%	+2%
不同的工作要求不相关 (彼得原理)	−10%	+12%	+1%

上表显示了卡塔尼亚大学的普鲁奇诺、拉皮萨达和加拉法罗所做实验的结果,他们计算了 3 种策略带来的整体组织有效性的变化——"提拔最棒的人""提拔最差的人"和"随机提拔"——来检测一个人现在的职位和晋升后的职位所需能力的相关性。我们看到,如果这种相关性不存在,就像彼得假设的那样,那么"提拔最棒的人"会导致组织的有效性下降10%,而"提拔最差的人"会使其增长12%。即使它们之间有相关性,"提拔最棒的人"也只带来9%的增长。最后一列是在最棒的和最差的候选人中随机选择的结果。当然还有其他的可能性,比如一半提拔最棒的人,另一半提拔最差的人,或者采用混合最棒的、最差的和随机选择的策略。

所有这一切对足球经理、体育管理官员和首席执行官来说都是令人担忧的事,这完全违背了他们的直觉。当然,当采用新的策略时,人类的行为表现也不容易预测。如果得知最糟糕的候选人会得到提升,那么大家会争相表现得很差劲,来向老板显示你是最不称职的,以此证明你最应当升职!

刀锋战士

体育界最不寻常的争论之一出现在引人注目的南非短跑选手皮斯托瑞斯（Oscar Pistorius）身上。他的跑步成绩是 400 米 45.07 秒、200 米 21.41 秒、100 米 10.91 秒——而他在 11 个月大时双膝以下就被截肢了。他擅长橄榄球、水球、网球和摔跤等运动，但他专攻短跑，赢得了 2004 年残奥会 100 米、200 米和 400 米跑的金牌，接下来在 2008 年残奥会上又赢得了 100 米跑的铜牌和 200 米跑的金牌。他的目标之一是在他最擅长的项目 400 米跑上取得奥运会资格，在伦敦奥运会上与健全的运动员展开竞争。

但相对健全的运动员来说，他的人造刀片是否给他带来了优势呢？国际田联——田径运动管理机构受委托进行了一项对比研究，将皮斯托瑞斯 400 米跑的奔跑机理与 5 位健全运动员的相比较，他们的身高和体重很相近，并且 400 米的跑步速度也差不多（46.5—49.26 秒）。不出所料，研究人员发现人造刀片与人类肢体有很大区别。健全运动员储存在踝关节里的能量只有 40%—45% 被释放出来辅助下一步的跑动。而皮斯托瑞斯的情况是，他那富有弹性的刀片能将 90%—95% 的储存能量释放出来，所以他的膝关节所做的贡献很小，不超过 5%。此外刀片不会疲劳。根据实验分析得出的结论国际田联判定，他拥有对健全运动员来说不公平的优势，不能参加 2008 年奥运会与健全运动员同场竞争。

不过由于他最终没有获得南非队的参赛资格,国际田联的决定对他未产生影响。

针对国际田联的决定,皮斯托瑞斯的律师团随后向瑞士洛桑的国际体育仲裁法庭提出上诉,最终推翻了这项禁令,为他参加世界锦标赛和 2012 年奥运会的比赛扫清了障碍。仲裁法庭的这个决定相当不令人满意,因为它只关注国际田联判决时基于的一个技术要点——皮斯托瑞斯的刀片使他能在 400 米全程维持同样的速度。国际体育仲裁法庭判决国际田联的证据无法支持后者做出的禁令。

18 个月后,爆发了一次重要的争论。得克萨斯州莱斯大学的韦安德(Peter Weyand)带领他的科研团队——以前为皮斯托瑞斯的上诉提供过证据——公开了关于皮斯托瑞斯的奔跑的研究结果。虽然他们发现没有证据证明皮斯托瑞斯拥有国际田联声称的特定优势,但他们发现了其他有力证据,证明截肢者的确具有另一个主要的优势,这个优势是由于健全人和截肢者奔跑机理不同而造成的。健全运动员获得的最快奔跑速度与皮斯托瑞斯的速度相似,但与健全运动员相比,皮斯托瑞斯迈出下一步时下肢调换位置所用的时间大大减少了(0.1 秒),这是他借助了弹性假肢的结果。实际上皮斯托瑞斯膝盖以下的质量只是健全运动员的一半。事实上就这一点而言,他比之前的 5 名 100 米世界纪录保持者要快18% 。因此韦安德和他的同事得出结论:"皮斯托瑞斯的奔跑技巧是异常的、有优势的,这直接归因于他的假肢比健全人的下肢轻了许多,弹性增大了许多。人造刀片将冲刺跑的速度提高了 15%—30% 。"

这些结论使公众哗然,尤其是皮斯托瑞斯曾表示,如果他被认为获得了不公平的优势,他将退出健全人的比赛,而他又参加了 2011 年世界锦标赛。一些人认为他们应当在 2008 年向国际体育仲裁法庭披露这些事实,但韦安德声称他们没有责任对公众记录做出评论。韦安德的研究还遭到了一系列的反对,说明这个问题远远没有解决。

不过,从奔跑经验而不是实验室研究或许可以得出两个结果。皮斯托瑞斯

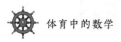

完成 400 米跑有 15%—30% 的速度是借助于他的刀片这个主张是不可信的,这意味着如果他是健全人的话,他的速度将在 53.6—65.1 秒之间!如果有个健全人跟他的身体素质大致相同,则这个人跑 400 米的速度不会快于 65 秒。这个推论是愚蠢的。

第二点是被许多研究人员所忽视的,它有力地否定了之前的"皮斯托瑞斯在更长距离奔跑时保持速度的能力与肢体健全的运动员是一致的"这个结论。否定这个结论的关键证据是皮斯托瑞斯跑 200 米和跑 400 米所用的时间。没有一个健全运动员跑 400 米用 45.1 秒而跑 200 米时还需要 21.4 秒。如果我们把 12 位英国运动员一直以来的表现列表来看的话,可以发现他们跑 400 米的成绩在 45.63—45.85 秒之间,而跑 200 米的用时范围在 20.76—21.01 秒之间。皮斯托瑞斯跑 400 米的速度要远远快于那些跑 200 米时用时与他相同的健全运动员可以达到的速度。这表明:与国际体育仲裁法庭的裁决相反,他的刀片在 400 米跑的后半程确实显著地帮他保持了较快的频率——虽然他做到这点用了一些不同的方法。他的 100 米和 200 米跑的速度显示,他起跑后的加速明显受阻。然而,不像优秀的健全运动员——几乎所有人在 400 米跑的后半程要比前半程慢 0.7—2.7 秒,皮斯托瑞斯通常跑后半程要比前半程快 1 秒。理想情况下,我们需要得到皮斯托瑞斯跑 500 米到 600 米时的表现数据,在这段路程上,刀片给他带来的优势应当会更加明显,他甚至有可能挑战这些距离的世界纪录。奇怪的是,所有人都不打算进行这个较长距离的决定性生物力学测试实验。

将人配对

假设你是一名教练或是比赛的组织者,你必须确保在一系列场次的比赛中每一位运动员都与其他运动员进行一场比赛。当人数较少时这非常容易设计,但随着参赛人数的增长,这项工作将变得很棘手。有没有这样一个系统,可以确保每个场次每名运动员依次与之前没有碰到过的对手比赛?

让我们更具体一点,假设需要组织 14 名参赛者参加一系列的 7 场比赛,并且他们每人只能与一名对手比赛一次。我们用字母来标注这 14 名参赛者:A,B,C,D,E,F,G,H,I,J,K,L,M 和 N。

将每个字母写在一张正方形的标签上,将它们每排 7 个摆成相邻的两排,就像这样:

A B C D E F G

H I J K L M N

第一场比赛按照竖列配对,A 对 H,B 对 I,C 对 J……以此类推。第二场比赛配对前,移开标有 H 的标签,将 A 放到 H 原来的位置上,将上排其余的每个字母都向左移动一个位置以填补 A 留下的空位,将 N 向上移动到上排之前由 G 占据的位置,将下排其余的每个字母都向右移动,并将 H 放在空出来的位置上。新的配对模式如下:

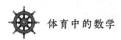

B C D E F G N

A H I J K L M

第二场比赛按照新的竖列配对,B 对 A,C 对 H,D 对 I⋯⋯以此类推。再下一轮比赛配对只需要重复之前的过程,首先移开 A,将 B 向下移动,逆时针移动其他标签,之后将 A 放回到 B 和 H 之间的空位上。继续这样直到每个人都与其他的人各比赛一场。这个系统适用于任何参赛选手人数为偶数的情况。它也适用于交换舞伴!

票贩子

两个票贩子正在出售一场足球比赛的门票。他们每人手里有 30 张门票,戴尔的售价是 100 英镑 2 张门票,而他的对手罗德尼的售价是 200 英镑 3 张门票。由于担心随着开球时刻的临近,他们可能会被迫为了争夺市场份额而竞相削减票价,于是决定携手将 60 张票放在一起合伙经营,售价为 300 英镑 5 张票。这次合作可以让他们从中获益多少呢? 如果他们在合作之前卖光了所有票的话,他们可以获得的总收入为 3500 英镑,或平均每人 1750 英镑;而他们合作之后的总收入将会是 3600 英镑,或者每人 1800 英镑。

莎伦和特蕾西是另一对争相卖票的对手,她们的售价分别是 100 英镑 2 张票和 100 英镑 3 张票,她们每个人也都有 30 张票。听说了戴尔和罗德尼的赢利策略后她们决定也这样做,提高售票的数量和票价。她们将 60 张票以 200 英镑 5 张票的价格出售,满怀信心地希望也能做得很好。但是后来在做了一些算术后发现,她们在合作之前的最高总收入是 1500 + 1000 = 2500(英镑),但是她们携手之后这个最大值下降到了 2400 英镑,或每人 1200 英镑。

在这里我们可以找出一个普遍规则。如果以较高的票价 B 英镑出售 A 张票,以较低的票价 D 英镑出售 C 张票($B/A > D/C$),在戴尔和罗德尼这里 $A = 3$,$B = 200$,$C = 2$,$D = 100$。之后他们携手销售的票价是每张票 $(B + D)/(A + C)$,

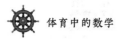

这确实比他们单独销售时的平均票价 $1/2(B/A + D/C)$ 要高, 前提条件是 $(B/A -$ $D/C) \times (A - C)$ 是正数。这个条件成立的前提是最初每张票的票价不同 (B/A 必须不等于 D/C) 并且 A 大于 C。我们看到戴尔和罗德尼的联手达到了这个要求, 因为 $A = 3$ 且 $C = 2$。但在莎伦和特蕾西这里, $A = 2$, $B = D = 100$, 而 $C = 3$, 即 $A < C$, 所以她们的合作不可能实现更多盈利。

高 空 跳 伞

　　高空跳伞是从高空中飞行的飞机里跳出来,在空气中高速自由下落,然后跳伞者打开降落伞,优雅地降落到地面上的运动。高空跳伞的实践比所描述的要求更高,一些简单的数学运算可揭示其本质特征。跳伞者从飞机或者气球吊篮中跳出,他会感受到两股力量——通过身体质量中心垂直向下的重力以及向上的空气阻力。身体重力等于 mg,这里 m 是身体和装备的质量,而 g 是重力加速度。而与重力方向相反的空气阻力 $D = (1/2)C\rho Av^2$,这里 v 是身体下降的速度, ρ 是空气密度(这里忽略海拔高度变化对空气密度的影响), C 是空气阻力系数, A 是向下运动时身体在垂直方向上的横截面积。

　　从机舱跳跃而出之后,身体在重力作用下加速,下降速度迅速变大。下降速度的增加导致阻力增加得更快,因为阻力与跳伞者的速度的平方成正比。很快重力和阻力这两个力会变得大小相等,但由于它们作用方向相反,因此跳伞者受到的合力将变为 0。由于没有了力的作用,身体会停止加速,以恒速下降。这个恒定速度 v' 称作“收尾速度”——因为它是身体在有阻力的介质中下降时达到的最终速度,而不是降落伞打开前的速度。如果我们取重力 mg 与阻力 D 相等,我们将发现这个被称作收尾速度的 $v' = [2mg/(C\rho A)]^{1/2}$ [①]。

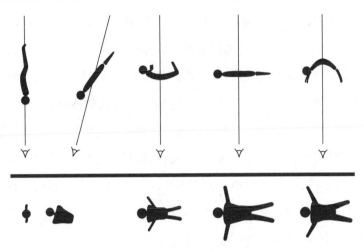

图 87.1

这个公式给我们展示了一些有趣的东西。跳伞者身体横截面积 A 越小,自由下落速度——收尾速度 v' 越大。当你观看一组熟练的跳伞运动员编队下降时,你会发现他们从不同的高度下落,然后一个赶上一个,最后在同一高度上携手或者表演其他花样。不同的体位形成不同的横截面积,如上图所示。如果跳伞者改变体位使身体垂直向下,就会使 A 减小,以较大的收尾速度下落,从而抓住其他已舒展开身体的跳伞运动员——后者这样做可以获得更大的阻力面积和较小的收尾速度。一名质量为 60 千克的跳伞运动员在伸展状态下可以达到约 50 米/秒的收尾速度,而当他头部向下呈流线型姿态时,下降速度则可能超过 80 米/秒。从公式还可以看出,收尾速度还取决于跳伞运动员的体重。体重越重达到的收尾速度越大。

---

① 如果跳伞者在 $t = 0$ 时的速度为 0,在时间 t 时的下降速度的解为 $v = v'\tan[h(gt/v')]$,当时间 t 变得很大时,v 才接近 v',而在 t 时间内下降的距离为 $(v'^2/g)\ln[\cos h(gt/v')]$。——原注

高空跳伞中接下来也是最重要的一环是打开降落伞。由于 A 突然增大到大约 25 平方米,空气阻力也随之大幅增加。之前以速度 v' 下降时,跳伞运动员的 600 牛的重力正好被空气阻力所抵消。降落伞打开后,宽大的伞衣增大了阻力,并且这个阻力远远超过了重力,从而使跳伞运动员新的收尾速度将减小到约为 10 米/秒。战时旧照片上伞兵的降落伞呈现出很大的弧度,从下向上看是圆形的。那些降落伞的中间有一个洞,空气可以流过,这样可以减小伞内的空气阻力,避免伞内外阻力差过大形成气流,进而导致降落伞向一边倾斜或翻滚。现在的降落伞是方形的,这大大减小了在空气中伞衣表面的横截面积。方形也使得降落伞更加稳定和灵活,因为绳索可以系在降落伞的 4 个角上,跳伞者可以拉动其中任意一根伞绳来精确调整自己的降落和着陆过程。

　　最后我们看一看跳伞纪录,这项活动几乎所有的纪录都被传奇的美国空军飞行员基廷格(Joseph Kittinger)所保持。1960 年,他从一个 31330 米高空中的氦气球上进行高空跳伞,以 255 米/秒的速度自由下落了 4 分 36 秒,体验了 -70℃的低温。他在高空 4270 米处打开降落伞降落到了地面上。基廷格创造了气球跳伞的世界纪录,同时创造了最高跳伞高度[①]、最长自由落体时间以及无保护措施情况下单人最高速度穿越大气层等纪录。他还保持着另外一项纪录。降落时一个超级降落设备失效导致他水平旋转速度达到了每分钟 120 转。这意味着他经受了高于 $20g$ 的离心惯性力[②],这也是世界之最。即使是超人也未必能轻松获得这些成就。

---

① 在自由落体阶段,基廷格使用了小浮标槽来稳定和控制体位。无浮标降落纪录是由苏联的安德列夫(Eugene Andreev)所保持,他在 1962 年从 25 460 米高空无浮标降落。——原注

② 在半径为 r、角速度为 ω 的圆周运动中,加速度为 $r\omega^2$。一个自旋速度为 120 转的物体,它的角速度为 $120 \times 2\pi/60 = 4\pi$(弧度/秒)。若该物体的半径为 1.4 米,则加速度为 $1.4 \times 16\pi^2 \mathrm{m/s}^2 = 22.5g$,其中 g 为重力加速度。——原注

高 地 奔 跑

　　1968 年墨西哥城举办的奥运会首次将"海拔"这个词带进了运动员的词典。墨西哥城坐落在海拔 2240 米的高原上,它带来了许多问题。对于 800 米以上的长跑项目来说,在高海拔地区奔跑要困难很多,因为不适应,运动员吸入的氧气减少了 10%—15%。生活在高海拔地区的运动员(尤其是非洲人)则格外有优势,他们赢得了所有长跑项目的金牌。然而获胜的成绩也大多比他们本人在零海拔地区的成绩要差。于是大家普遍认为,世界上许多顶级耐力型运动员由于海拔的原因无法公平地获胜或创造纪录。

　　另一方面,对于短跑和跳远运动来说,较低的空气密度意味着更少的空气阻力和更快的速度。几乎所有的男子和女子短跑、跳远和接力跑的世界纪录都在墨西哥城被刷新。这对运动员造成的心理障碍是:在零海拔地区,他们再也不可能取得这些成绩了。由于出现了许多墨西哥奥运会上存在不公平竞争和世界纪录得益于高海拔等争论,高海拔地区与零海拔地区的成绩从此开始区分开来[①]。

---

① 1968 年奥运会第一次使用精确到 0.01 秒的全自动电子计时器,此后世界纪录成绩表上的手动计时(通常似乎会更快)和电子计时被标注开来。这一次奥运会也是第一次进行药物检测的奥运会,田径项目在适应恶劣天气的人造跑道上举行,而不再是以往的煤渣跑道。新跑道使所有项目的成绩都提高了。总的来说,墨西哥奥运会在田径比赛的很多方面都是革命性的。——原注

为什么海拔高对短跑运动员有益呢？在风速为 v' 时，运动员在顺风状态下以速度 v 穿过密度为 ρ 的空气，受到的阻力与 $\rho(v-v')^2$ 成正比。我们可以看出，如果其他所有条件不变，空气密度减小会使阻力减少，这样运动员的力量就可以更多地用于快速向前移动上，而不是克服阻力上。当温度为 20℃ 左右时，零海拔地区的空气密度是 1.23 千克/米^3，但在海拔 2240 米高的墨西哥城降到了 0.98 千克/米^3。这意味着由于空气密度变小，在墨西哥城运动员受到的阻力是零海拔地区的 0.98/1.23 = 0.8 倍。在 100 米、200 米和 400 米这样的运动项目中，它可以使速度提高 0.08%。这个提高很明显，但它并没有大到足以解释为什么男女运动员在墨西哥城奥运会上成绩都提高了 1.5%—2%。

答案可能在于风。在墨西哥城，风速对跳远和短跑项目非常有利。令人起疑的大量世界纪录建立在官方记录风速接近或达到 2 米/秒的基础上——2 米/秒是作为纪录所允许的最大风速。女子 200 米跑的世界纪录、3 项男子三级跳的世界纪录（产生在不同的两天中）以及比蒙（Bob Beamon）著名的跳远纪录都创造于风速约为 2 米/秒的基础上。创造女子 100 米世界纪录时的风速是 1.8 米/秒。与无风时相比，2 米/秒的顺风会使 100 米跑所需的时间减少 0.11 秒。风速的影响与速度的平方成正比：当顺风的风速为 v' 时，阻力系数从无风时的 v^2 降低到 $(v-v')^2$。每跑 100 米，海拔高只能让纪录减少 0.03 秒的时间，所以风远远比海拔更重要[①]。将这些影响因素结合在一起，人们才能给出关于 100 米、200 米和跳远成绩提高的解释。

回顾往事，高海拔对长距离比赛项目的影响给人类留下了伟大的遗产。由于那些在零海拔地区居住和训练的运动员缺乏高原经验，在高海拔地区举办赛事被称为明显的不公平并遭到了直言不讳的指责，因此今后再也不会在高海拔地区举办奥运会了[②]。但零海拔地区的运动员意识到了在高海拔地区生活和训

①　在海拔 1000 米以上地区创造的世界纪录不被认可。——原注
②　空气密度受温度和压力变化的影响，但它对运动员的影响比风的影响要小得多。——原注

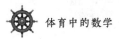

练一段时间的好处。从 1968 年奥运会之后,优秀的长跑运动员都试图获得高海拔给运动员身体带来的优势,尤其是肯尼亚选手。在高海拔条件下训练,可以提高在低压力下吸收氧气的能力。之后当运动员返回到低海拔地区,会比平时吸收更多的氧气,运动成绩也会由此得到提高。但是这种影响只是暂时的,所以必须注意高原训练的时间以及比赛前回到低海拔地区的时间。一些运动员采取了极端做法,每晚睡在低氧气帐篷里,模仿高海拔地区的空气环境。甚至还有一些谣言,提及运动员接受"违规输血"来"储存"高海拔训练的效果。当血液中氧气携带能力达到最大时,抽出一些血液,之后在大型比赛开始前再注回体内。虽然它在理论上是有道理的,药物检测也查不出,但我认为大多数运动员不会愿意在奥运会前的最后准备阶段接受输血。

射手的困惑

关于射箭有一些似是而非的说法。由于弓身的阻碍,弓箭手直接对准目标反而射不中它。箭头无法穿过弓身中间直接瞄准目标,而是偏向弓身的左侧或右侧(取决于弓箭手的惯用手)。箭从手指间释放出去后,在弓弦的驱动下,箭身不会完美地朝目标中心直线飞去,习惯使用右手的弓箭手正确瞄准目标后射出的箭一般命中靶位的左边。

这就是"射手的瞄准悖论",数百年来被无数弓箭手的经验所印证。许多年后,现代高速摄影技术才得以非常真切地还原箭体上所发生的一切。

当弓箭手拉满弓,然后松开手指将箭释放出去时,箭体受到一个突然的冲击,推动它与弓身碰触。这种碰触加上手指松开弓弦的方式,会使箭体产生弯曲和振动(图89.1)。当它高速飞向前方时(图89.2显示了箭体形状的变化),弓箭手来不及移开另一只握着箭的手指,以消除释放

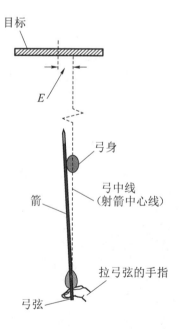

图 89.1

箭产生的影响,箭体受到弓身的侧击是不可避免的。箭体的振动频率取决于自身沿着长度方向的质量分布以及劲度①。这个劲度被称为箭体的"脊",恰到好处的"脊"至关重要。"脊"太小(劲度太大)则箭体不会弯曲,越过弓身后会偏向左侧;而"脊"太大(劲度太小),则箭体容易变形,飞行时容易偏向右侧。

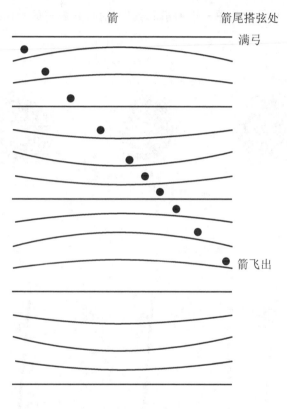

图 89.2

在这两者之间有一个恰到好处的"金脊"。此时箭体的振动正好抵消由弓身影响产生的偏差,箭身迂回前行。当箭体的振动结束后,会笔直地飞向预定靶位的中心。当箭开始自由飞翔时,箭实际上是继续振荡着飞往目标,但振动的强

---

① 箭体是由硬质和软质木材组成的复合结构,箭头、箭羽等部分的密度都不同。——原注

度很快衰减下来,直至消失。箭尾的羽毛呈圆弧形,其作用是克服箭体在飞行中由于空气阻力以及旋转而偏往一个方向,有助于箭体沿直线飞行。弓箭手需要掌握的技能是:通过训练和直觉找到箭体劲度及重量的最佳组合,通过弓弦的安装、手指的释放以确保箭体振动正好与初始偏差相抵消(图 89.3)。不过更难的技能是:比赛中,弓箭手在每一次射箭时都做到拉弓、放箭的动作完全一致,这样才能达到最优。

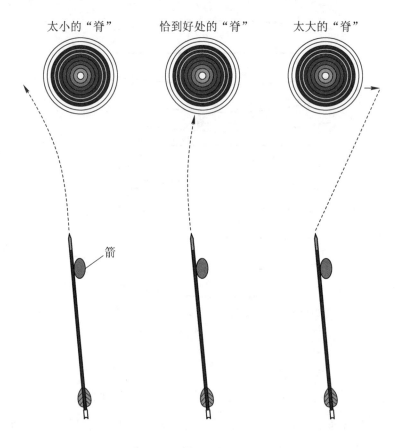

图 89.3

像贝克汉姆
那样踢球

　　足球运动员从小追求的技能之一就是如何踢出"弧线球"。对于那些并不了解足球的人来说，这仅仅意味着学习如何使踢出的球在空中转弯。这个技能可以骗过对方的后卫和守门员，对接近对方禁区边缘获得任意球时尤其有利。此时防守方将在离球10码(约9.14米)处(或更近，如果他们侥幸成功的话)布置人墙来防止球直接射进己方球门。进攻方很可能有一名优秀球员，像贝克汉姆那样能够使踢出的球绕过防守人墙。球飞过防守人墙的侧面或头顶，再转回来或向下，最终飞入球门。唉！可怜的守门员发现己方的防守人墙没有挡住来球，却挡了自己的视线，待发现来球时已经为时过晚，来不及做出反应了。那么，运动员如何才能踢出这样的弧线球呢？

　　当球员踢中球的侧面时，球会旋转。如果用右脚内侧踢在球的右边，那么球就会以逆时针方向旋转；而当你用右脚的外侧踢到球的左边时，它就会以顺时针方向旋转。球旋转得越快，它就越容易在飞行时偏转方向(图90.1)。

　　这项技术最著名的运用实例是1997年巴西队的卡洛斯(Roberto Carlos)在与法国队对阵时踢出的一个任意球。当时他距离球门35米远，在禁区弧顶的地方大力起脚，踢出的球速约每小时130千米，随后球的路线发生了戏剧性的偏

旋转

力　　　　　　力

图 90.1

转,以至于一名站在离球门 10 米远处的球童以为球直奔他而来,为了避免被球击中而跳起躲避,但球突然改变方向离开他,击中了守门员。卡洛斯踢得如此之狠,以至于重力根本来不及影响球的飞行路径。

这种效应不仅仅出现于足球中,所有体育运动项目——排球、棒球、板球、网球中都能看到这种情况。让球旋转就可以使其运动轨迹发生弯曲,而不旋转的球则不会。球转弯可以通过观察流过的空气得到解释。图 90.2 中的球向左运动但没有旋转。当气流冲击球面时,气流受到挤压,因此压力下降,经过球表面的空气的速度增加。

如果球是旋转的,那么靠近球体表面的气流会发生显著的变化。从图 90.3 你可以看出,如果球按顺时针方向旋转,它周围的气流发生了怎样的变化。在球上方非常贴近球面的地方,气流运动方向与迎面而来的空气是相反的,而在底部

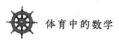

两者的方向则相同。这意味着球体上方贴近球面的空气净速度比底部附近要
小,因此球顶表面的压力比底部要大,由此形成一个向下的净力。图中的受力分
析解释了一个上旋球为何会转向朝下。根据上述分析我们还可以知道,当一个
球被右脚的外侧踢中后,其飞行轨迹会向右边偏转。

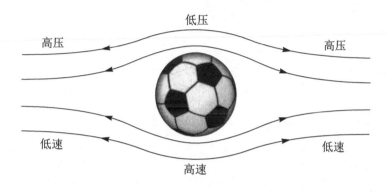

图90.2

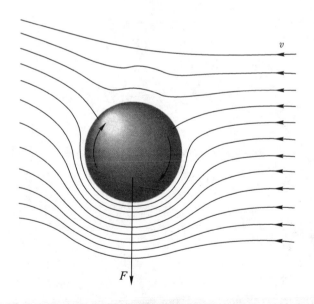

图90.3

2010年南非世界杯赛使用了新型的质量更轻的足球,它表现出的陌生的空气动力学特性,让守门员产生了相当大的争议和抱怨。非常明显的是,那些世界级的优秀进攻型球员也未真正掌握这种足球的特性,几乎没有远射球或任意球得分,球员们根本无法让球突然转向。

急跑急停的背后

如果有一名跑步者(骑车者或驾车者)在交通灯(或交叉路口)处多次短停,或者跑步运动员在快速跑训练中不断地跑跑停停,这时他们的能量都到哪里去了呢?对于骑车者和驾车者来说,运动的能量在刹车时被转换成了热能和声音;对于跑步者来说,他的能量则损耗在了生理制动系统中,即消耗在肌腱和四肢肌肉的拉伸做功和转换为热量了。

比较跑步者和骑车者的跑跑停停,以及克服空气阻力做的功,我们会得出一个有趣的结论:跑跑停停比纯粹克服空气阻力要消耗更多的能量。如果质量 M 的一名运动者以恒定的速度 v 奔跑,其间经历一系列的突然停止,停止的间隔距离为 D,那么停止的间隔时间是 D/v,动能 $mv^2/2$ 就消耗在每一次停止的"刹车"中[①]。这意味着,能量损失在制动系统里的速率是 $mv^2/2 \div D/v = mv^3/(2D)$。两个停止点的距离越短(D 越小),这个数值就越大。能量损失率还与速度的立方成正比,因此运动的速度越快,就意味着在急停中损失的能量更多。

另一方面,跑步者和骑车者还要消耗能量以克服空气对运动造成的阻力。如

---

① 为简单起见,假设停止是突然的,忽略了减速和加速过程。——原注

果他们面对空气的有效面积^①为 A，跑了时间 t，他们所经过的一段圆柱状空气的体积等于 A 乘以前进的距离 $(v \times t)$，因此这段圆柱形的空气质量为 $M_{空气} = \rho Avt$。其中 ρ（1.3 千克/米³）是空气的密度，该段空气运动的动能为 $(1/2) M_{空气} v^2 = (1/2) \rho Atv^3$，因此，克服这个阻力的能量损失率就是 $(1/2) M_{空气} v^2 / t = (1/2) \rho Av^3$。如果将其与制动的能量损失相比较，可以得到：

制动引起的能量损失/空气引起的能量损失 $= M / \rho AD$

从这里能够看出，如果 M 比 ρAD 大——后者取决于跑步者或骑车者扫过的空气质量，那么更多的能量将被消耗在反复的制动中，而不是克服空气阻力中。这种情况是合情合理的。如果质量 M 较大，那么能量主要损耗在反复急停上，那也意味着更多的动能消失在刹车过程中（让一辆大卡车急停要比让一辆自行车急停难得多）。两个停止点间的距离 D 越小，则损失的能量也越多。当 M 等于 ρAD 时，急停损失的能量等于克服风阻的能量，此时两个停止点之间的距离为 $D^* = M / \rho A$。这样将得到以下两种情况：当 $D < D^*$ 时，急停制动会消耗大部分能量；相反当 $D > D^*$ 时，克服空气阻力会消耗大部分能量。一名长跑运动员的有效迎风面积为 A（0.45 米²），质量 M 是 65 千克，因此 D^*（跑步者）为 111 米。自行车手和自行车的 A 为 0.25 米²，M 为 75 千克，所以 D^*（骑车者）为 231 米。典型的驾车者的 A 为 1 米²，M 为 1000 千克，所以 D^*（开车者）为 769 米。对于一名驾车者来说，当交叉路口或交通灯之间的间隔距离小于 769 米时，制动损失占据主导。为了节省能源，你应该驾驶轻一点的汽车，开得慢一点，因为能量损失取决于 mv^3。对于跑步者来说，训练的要求则与上述节能相反。如果你在做快跑训练并且其中有暂停，且每个停止点间的距离小于 111 米，那么跑跑停停比

---

① 几何面积乘以阻力系数 C 反映出物体的光滑流线型程度。一辆典型汽车的几何横截面积大约是 $1.5 \times 2 = 3$（米²），但有效面积约为其 1/3，约 1 米²。跑步者的有效面积大约为 0.45 米²，骑车者大约为 0.25 米²。——原注

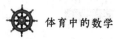

在风中以恒定速度奔跑要消耗更多的能量。进一步减小间隔点间的距离,消耗
的能量更多,这比在较长距离上慢跑的训练效果更佳。

潜水中的气体

　　携带水肺[1]潜水是一项独一无二的体育运动,需要用到中学学过的物理化学方面关于气体定律的知识。参加有组织的潜水活动前必须获得相关的资质证书,而掌握上述知识是获取证书的前提条件之一。

　　早在 17 世纪,玻意耳爵士(Sir Robert Boyle)就深入研究了第一条(也是最重要的一条)气体定律[2]。这条定律揭示出:密闭环境下气体的压力与其体积成反比:压力加倍,体积减小一半。"玻意耳定律"解释了当潜水员下潜后、他的身体及潜水服所承受的水压增大时可能发生的一切。将海平面的大气压定义为 1 巴[3],潜水员每下潜 10 米,经受的压力要额外增加 1 巴。密闭状态的气体被压缩到更小的体积,因此他的浮力装置会瘪掉一点,潜水服也不像在水面上那样紧密合身了。更明显的是,潜水员耳咽管中的空气被压缩,需要补充一些空气(平衡)。这就是大家熟悉的耳朵发"闷"的感觉。当潜水员返回水面时,他体内及潜水服内的气体将随着上浮过程中水压的降低而体积逐渐扩大,如果此时错误

---

① "水肺"的全称是"自给式水下呼吸器",在第二次世界大战期间问世,并已成为一个有特定意义的词。——原注
② 1661 年首次由鲍尔(Henry Power)提出。——原注
③ 1 巴为 101.3 千帕。——原注

地屏住呼吸,而不是轻轻地呼气,肺部空气体积的扩大会导致肺部受到损伤(甚至破裂)。

下一个要知道的重要的气体定律是"亨利定律",1801年由曼彻斯特的化学家亨利发现。这个定律是:溶解于液体中的气体质量与气体所受的压力成正比。这意味着随着下潜深度的增加,身体受到的压力上升,将有更多的气体进入潜水员的血液和组织,因此潜水员从储气罐中吸入了大量的氮气,重返水面时,这需要认真对待。当潜水员结束一次深潜回到水面上,体内含有比正常状态下更多的氮气。潜得越深,在水下的时间越长,体内保留的氮气就越多。上浮时过多的氮气会逐渐排出体外,但事先必须对潜水的深度和时间小心控制,使滞留在体内的这种气体保持在安全范围内。

潜水员身体吸收气体的过程也遵循"道尔顿定律",这个定律于1803年由另一个曼彻斯特人道尔顿(John Dalton)发现。定律揭示:当混合气体受到的压力改变时,各种气体的比例保持相同——即在由氧气和氮气组成的混合气体中,两种气体的比例不会因为压力的改变而改变,就像非气态混合物葡萄和弹球一样。"道尔顿定律"让我们能够非常直接地预测和监测人们吸入混合气体后身体对不同气体的吸收状况。

上述这些气体定律提醒我们,潜水员上浮比下潜更危险。如果潜水员快速上浮到压力较低处,血液中多溶解的氮气和氧气会在动脉中形成微小的气泡,导致关节疼痛(减压病),牙齿和补牙处疼痛。而且,动脉中气泡的迁移、汇聚会形成潜在的致命栓塞。所以重要的是,深潜后应缓慢上浮(每分钟小于10米),逐步减小溶解在体内的气体的压力,让气体有充分的时间排出。经验丰富的潜水员会很小心地控制这个过程,一旦发生严重问题,可用减压舱提供人工高压环境,使潜水员慢慢回到海平面的气压环境中。

弹向空中

当你轻轻推动某个物体,使它摇晃,那么在恢复到未被干扰的状态前,它会以一个特定的"自然"频率来回振荡。如果你坐在儿童秋千上来回摆动,没有挥动手臂和腿,那么你能感受到秋千的自然频率。如果你拉住秋千的绳子,来回步调一致地摆腿,那么就可以提高秋千摆动的幅度,使它振荡到更高的位置。你很快就会意识到,在这个过程中存在着正确和错误两种方式。如果你在错误的时刻施力,对秋千摆动幅度会产生负面影响;但如果你在恰到好处的时刻施力,就能加强秋千的自然运动,向上摆动的幅度得到大大提高。

成功地荡得更高的关键是用力的频率与秋千振荡的自然频率一致,使推力的时间间隔就是秋千以自然频率振荡的时间间隔,从而导致能量非常有效地转移到秋千的摆动上。这种现象被称为"共振"。共振有时是好的,如孩子荡秋千;但有时——例如大地震房子摇动时——共振则带来坏处,因此需要通过优秀的工程设计"滤掉"危险频率,从而避免产生共振。

体育运动中最引人注目的共振例子是跳板跳水。弹性跳板通常高出水面3米(在娱乐性泳池中可能只有1米),由一整块坚固的铝板制成,大约4.9米长,50厘米宽,涂有防滑涂料,以便跳水者能安全站稳。

跳板的一端固定(A),另一端可自由振荡,整个跳板悬于跳水池上方,工程

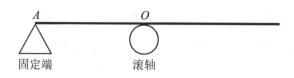

固定端　　　　　　滚轴

图 93.1

师称之为"悬臂"。然而跳板的设置像一个可调节的杠杆,在 O 处有一个支点轴。跳水开始前选手站在 A 处附近,用脚滚动齿轮来调整支点的位置,支点离开 A 端最大允许范围为 0.75 米。通常情况下,选手将沿跳板以平衡的步伐走 3 步,最后一步踩在支点以外约 1 米的地方。第三步后选手在跳板向上运动的帮助下,进入弹射状态。当选手起跳时——身体稍稍向前,避免在下落时碰到跳板——他抬起一条腿,这将使跳板受到一个大小相等、方向相反的向下的反作用力。跳板受力后略微向下弯曲,在弹回原来不受干扰的状态前,受到一个力 kx,其中 x 是跳板偏离原来位置的距离,k 是板的弹性系数[①]。跳板开始缓慢地以自然频率上下摆动,对于一名质量为 65 千克的跳水选手来说,摆动频率为 $\sqrt{k/m} \approx$ $\sqrt{848/65} = 3.6$(次/秒)。这就是选手在跳板上准备弹跳时,需要调谐到的频率。当他脱离跳板时,会受到一个特别大的由"共振"形成的向上的冲力。它发生在当跳板以最大速度向下摆动时,正好选手用脚向下作最后一蹬。这样使跳板的偏离达到最大值,然后让大部分储存的弹性能量转化为选手向上弹跳的能量。

选手在跳板上的弹跳动作与跳板自然振荡形成的共振,可以使能量最有效地转移到上升运动中。选手可以通过调节自己与支点 O 的距离(0.8—1.2 米)来改变跳板的弹性。选手位于 O 点右侧越远,跳板越有弹性(k 更大),这时选手

[①] 如果跳水选手只是在跳板的一端站着不动,跳板弯曲偏离水平位置的距离为 x,那么作用力 kx 与选手的体重 mg(其中 m 是质量,g 是重力加速度)是完全平衡的。体重为 65 千克的跳水选手距离支点 0.75 米,那么 k 值为 $k = 65 \times 9.8 / 0.75 = 848$ 牛/米。——原注

希望找到的共振频率的值也会改变,因为它与 k 的平方根成正比。不同体型和力量的跳水选手会选择不同的支点位置,这样他们能够最有效地使跳板的振荡与由体重产生的振荡实现共振。当跳水选手踏准共振频率,你可以听到当选手离开跳板跳向空中时,跳板发出好听的"砰"的一声。如果选手没有踏准共振频率,人们就会听到跳板振动发出的"咔嗒咔嗒"声。

抛掷硬币

抛掷硬币可以解决体育比赛中出现的各种问题,诸如谁先开赛,谁在球场的这一端,谁在顺风道上跑,谁先发球。甚至当基于成绩的方法无法确定谁能赢得比赛或谁有资格进入下一轮时,都可以用抛掷硬币来解决。采用抛掷硬币方法的原因在于,抛掷硬币这个简单的策略被认为是完全随机的、公正的,硬币落下时正面或背面朝上的概率相等。

在某种意义上,抛掷硬币无法做到真正的随机。硬币抛掷前有一个明确的起始状态,如正面朝上;硬币向上抛出时带一些旋转,然后它循着重力确定的轨迹,经过一定次数的翻转后由抛掷者接住。所有这一切正如牛顿运动定律所描述的那样。如果我们从距离地面 H_0 处以垂直速度 v 向上抛出硬币,经过一段时间 t 后,它到达的高度为 $H = H_0 + vt - (1/2)gt^2$,这里 g 为重力加速度。然后经过一段时间 $t_h = 2v/g$ 后硬币回到抛掷者手中,这时 $H = H_0$。如果向上抛掷硬币时还伴有每秒 R 次的旋转,那么在这一过程中硬币将翻转 N 次:

$$N = t_h \times R = 2vR/g$$

从这个公式可以看出,如果你希望硬币翻转的次数多,那么向上抛掷的速度 v 就应该大,使硬币在空中有一个较长的距离,当然这个过程中硬币的旋转也是必不可少的。如果你抛硬币时很少或根本不带旋转,如同飞盘一样,则它不会翻转,落下时跟开始抛掷时是同一个面朝上。这个公式还揭示了一定程度的可预测性。如果 N 只是 1,而且硬币抛掷得很慢,正面(有头像的一面)朝上,那么下落时也会是正面向上。当 N 介于 2 和 3,或 4 和 5,或 6 和 7……之间,落下时会与抛出时一样是相同的面朝上,但如果 N 介于 3 和 4,或 5 和 6,或 7 和 8……之间,则落下时朝上的面与抛出时相反[①]。当 N 变大,远远大于 20,也就是说,区分两种结果的条件 v 和 R 越来越接近,抛币得到正面或反面的条件差异就非常小。通常情况下 v 约为 2 米/秒,g 为 9.8 米/秒^2,所以硬币在空中的时间为 $2v/g = 0.4$(秒)。为了让硬币在空中有大于 20 次的翻转从而使得到正反面的结果接近 50 对 50,则需要使硬币的旋转速度超过 $20/0.4 = 50$(转/秒)。

比赛开始前,两支球队的队长在抛币前分别向裁判喊出"正面"或"背面",对于他们来说,投掷硬币公平性的关键在于硬币初始状态的设定。如果裁判对他们隐藏了硬币朝上的面,那么他们将无法通过刚才的选择获得优势:如果他们没有看到抛币前硬币初始向上的面,他们就不会知道硬币下落获得"正面"(比如说)时裁判是否会偏心。理想的硬币抛掷,正如我们刚刚看到的,是把硬币高高地抛向空中并伴随着多次翻转,使它在空中几乎有一半的时间"正面"朝上,另一面朝下。而这导致的结果是,裁判接住它时,"正面"朝上的比例非常接近1/2。

有趣的是,请注意——硬币质量分布的不均并不会使抛币结果出现偏向性。对此关注的声音出现于 2002 年。比利时的欧元硬币"正面"有国王阿尔伯特二世的头像,与"背面"相比存在着一个明显的质量偏差。幸运的是,在足球比赛开赛时,抛比利时欧元硬币并没有出现什么值得担心的事。即使硬币的一面比另一面重也不会产生偏向性:硬币在空中总是绕着经过其重心的轴线旋转,不管它两面的质量分布有多么的不平衡。

---

① 在一般情况下,如果 n 是整数 $1,2,3,4,\cdots$,那么 N 如果介于 $2n$ 和 $2n+1$ 之间,硬币下落到手上时初始面向上;如果 N 介于 $2n+1$ 和 $2n+2$ 之间,硬币下落时初始面向下。——原注

奥运会应该有
什么体育项目

国际奥林匹克委员会有一个冗长的标准,用来判断并决定哪些运动项目有资格被纳入(或移出)神圣的奥林匹克殿堂,或仅仅列为候补的"表演项目",这些候补项目渴望吸引大多数国际奥委会委员的投票进而转为正式比赛项目。目前夏季奥运会有 26 个体育项目,未来将增加到 28 个——这是国际奥委会规则所允许的最大数目。2016 年和 2020 年奥运会,高尔夫和七人制橄榄球被纳入正式比赛项目。

由国际奥委会成员完成的一份问卷调查揭示了运动项目可以加入奥运会大家庭的判断依据,判断标准着重考虑与体育运动相关的 7 个方面:历史、普适性、流行性、形象、运动员的健康、国际体育联合会的发展和成本。

所有这些都是必须考虑的相关因素,但它们在帮助筛选目前已相当臃肿的奥运会项目没有多大作用。对我来讲,有一个遗漏的条件很重要——同时也符合判断是否列入奥运会项目的条件,它不是一个充分条件,而应该是一个必要条件。这就是,在该项目上赢得奥运会冠军是否代表了体育成就上的巅峰?对于田径①、游

---

① 然而奥运会马拉松赛似乎并不能吸引所有的顶级马拉松选手,顶级选手宁愿选择在大城市跑马拉松,如伦敦和纽约马拉松赛。这里有各种各样的原因,如奥运会举办的场地与气候不适合长跑。马拉松选手一年只能参加一两次长距离的马拉松比赛,因此如果他们参加一个如奥运会这样的资格赛,那么他们就没有更多机会在利润丰厚的大城市马拉松赛上赢得奖金。奥运会上还没有领跑人。——原注

泳、自行车、曲棍球、排球、乒乓球和项目册上的几乎所有运动项目来说答案是明显符合的,这也符合将空手道和壁球之类的项目列入奥林匹克运动的情况。然而也有一些突出的例子说明情况并非完全如此。网球、高尔夫、足球、篮球和前奥运会的棒球项目,都会败在这块试金石上。奥运会足球特别奇怪,因为它规定了只能有 3 名职业球员的年龄可以超过 23 岁,而其他团体项目却没有这种人为的限制。此外,奥运会上最主要的竞争项目如网球、高尔夫、足球和篮球等都有其他主要的职业赛,很多选手选择不参加奥运比赛。你愿意赢得温布尔登网球公开赛冠军还是奥运会冠军? 愿意赢得奥运会的足球比赛冠军还是世界杯冠军? 这些问题的答案是显而易见的——应该作为一个关键因素判断这些项目是否适合包含在未来的奥运会中。

关于猫的似是而非的理论

当你观看跳水和蹦床比赛时,你会发现运动员似乎违反了力学定律。运动员向下或向上开始运动,没有任何旋转,但他们随后可以在空中完成一系列的翻滚和扭转动作,这怎么可能呢? 运动员身体在空中没有接触到任何物体来生成作用力,却能产生足以使自身翻滚的扭矩。事实上跳水比赛规则也禁止运动员从跳板或高台上直接扭转起跳[①]。物体旋转时度量旋转程度的量称为角动量[②],旋转过程中角动量是守恒的。这意味着身体不可能自发地产生整体性的净旋转。然而,优秀的高台跳水选手能够表演出引人入胜的扭转,且在这个过程中同时努力保持身体笔直。他们是如何做到的呢?

下落过程中的猫也使用相同技术扭转身体。跳水选手要靠旋转得分,身体倒置笔直向下入水;而猫不关心得分,它们只想以它们的脚着地。猫有两个特性是跳水选手所不具备的——特殊的骨骼结构以及一个能区分"上升"和"下降"的反射区。当猫从高处坠落时,首先弯曲身体,紧缩前腿,并伸长后腿。这样就减少了身体前部的惯性,同时增加了身体后部的惯性。这使得在同样的时间

---

① 起跳可以获得翻滚的转矩但不能获得扭转的转矩。——原注
② 这个值等于质量乘以角速度再乘以发生旋转的圆半径的平方。——原注

里前半身的旋转比后半身的相反方向上的旋转更快、更多。身体的前半部分和后半部分绕不同的轴以不同的方向扭转,但当这两部分加在一起,一个正,一个负,两个值相加总和是 0,就和刚开始下落时一样。接下来它们伸长前腿,缩回后腿,使得身体的后半部分转得更多,而前半部分在相反的方向上减少扭转。如果有必要,猫可以快速重复这些步骤,以获得恰到好处的软着陆状态(见图 96.1)。

图 96.1

高台跳水选手也玩同样的把戏,他离开跳板时的自旋角动量为 0。他将一只手臂向上伸,另一只手臂向下移至低于胸口位置,这样双臂以顺时针方向旋转,而身体的其余部分则逆时针旋转(见图 96.2)。当他的脚离开跳板时,脚部的摩擦力提供给他一个侧向力矩,以确保他身体开始旋转的同时发生扭转。随

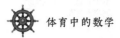

后他通过伸展双臂,拉直身体,使惯量增大,旋转变慢。这听起来容易,但实际上相当难。猫看来能很轻松地完成这一系列动作,因此下次当一只猫从栏杆上跳下时,还是值得仔细观察一番。这样看起来,当有人从高耸的纽约摩天大楼窗架上掉下来也有可能幸存呢。

图96.2

最容易在空中飞越的物体

许多运动项目需要在空中投掷或踢打小物件——球类或羽毛球。有些球是皮革做的,有些是塑料做的;有些大,有些小;有些重,有些轻。然而尽管球类品种繁多,但任何旧球都不会用于比赛。足球不能太轻,不能太有弹性,否则当守门员在前场大力开高球时,足球可能高高飞过球场另一端的球门。乒乓球不能太重,否则就无法快速移动或灵活变化。我们能不能在某种意义上,列出不同的运动小球,在某些明确的定义下进行比较,看一下哪些小球能使比赛更有趣?

将一个球发到空中,它将受到两个力的作用而减速:一个为重力 W,取决于它的质量,$W = mg$;其中 m 是质量,g 是重力加速度。另一个为阻力 D,$D = (1/2)CA\rho v^2$,由球通过空气时产生,其中 A 是球体在运动方向上的横截面积,v 是球体相对于空气的速度,ρ 是空气密度,而 C 是由球的表面平滑度及气体空气动力特性决定的阻力系数。这两股力量的相对重要性由它们的比值决定:

$$阻力/重力 = CA\rho v^2/(2mg)$$

确定球的运动性质的第二个重要因素是阻力和摩擦力,即介质黏性的相对重要性。这将确定球是在光滑有序状态下还是在湍流混沌状态下运动。两个力的比值 $\rho v^2 A/(\rho\gamma L)$ 记为 Re,其中温度为 20℃ 时的空气介质的运动黏度为 $\gamma = 1.5 \times 10^{-5}$(米²/秒),而 L 是特征流体的长度(例如它可能是一个球的周长)。

Re 称为运动的"雷诺数",它是一个纯数值,没有单位(因为它是由力除以力得到的)。当 Re 较大时,球体表面附近的气流将变得湍急混乱;当 Re 较小时,气流将保持稳定平滑。这两种状态之间的变化是相当突然的,当球体在空气中运动,其旋转、空气密度及球的纹理(质地)发生稍微一点变化,都会产生这种突变。引起这种"有趣"突变的雷诺数 Re 的典型变化范围通常在 1×10^5 — 2×10^5 之间。

在下面的表格中,我们给出了体育运动中一些球体规定的质量和尺寸,以及阻力重力比(D/W)、雷诺数。阻力重力比的数值范围相当大:从铅球的 0.01 到乒乓球的 8.8。然而令人吃惊的是,尽管列表中的这些球体属于不同的运动项目,表现出很大的差异,但它们的雷诺数却相当接近。现在的球类比赛中到处可看到这种有趣的情况。当球员击球,使其发生很小的旋转或变化时,小球就有许多微妙的表现。这也是球员和观众都对球类比赛感兴趣的一个原因,正如 2010 年世界杯比赛使用新设计的足球后,显示出很大的不确定性时那样。

球类运动	A(米^2)	m(千克)	v(米/秒)	L(米)	D/W	Re
网球	0.0380	0.42	15	0.22	0.23	2.2×10^5
乒乓球	0.001	0.002	25	0.04	8.8	0.7×10^5
壁球	0.001	0.02	50	0.04	3.52	1.3×10^5
足球	0.038	0.42	30	0.22	1.02	4.4×10^5
橄榄球	0.028	0.42	30	0.19	0.75	3.8×10^5
篮球	0.045	0.62	15	0.24	0.2	2.4×10^5
高尔夫球	0.001	0.05	70	0.04	1.23	1.9×10^5
羽毛球	0.001	0.005	35	0.04	27	0.2×10^5
推铅球(男子)	0.011	7.26	15	0.12	0.01	1.1×10^5
水球	0.038	0.42	15	0.22	0.23	2.2×10^5
标枪(男子)	0.001	0.8	30	0.03	0.64	0.6×10^5

热情似火

因为其完美设计的连续斜坡和环绕式座位,英国新的奥运场地——自行车赛场馆吸引了很多人的关注。这两项措施可以增加场内气氛和提升赛道上的比赛速度。这项特殊关照与以下事实相关:自行车一直是英国近期比赛中最成功的体育项目,英国队非常期望能在父老乡亲面前表现得更好。

这个新型场馆还有另外一个特点,并很有可能在比赛期间成为人们谈论的一大焦点——它的温度。赛道处的气温被人为保持在远远高于正常气温之上,约20—25℃甚至更高。不过我们确信,观众区的温度仍将保持在正常水平。如果说这是为了让运动员汗流浃背地骑行4000米争先赛,这理由听上去一点也不吸引人。那么其背后的考虑究竟是什么呢? 又是我们的老朋友——空气阻力。自行车选手受到的空气阻力与他们骑行通过的空气密度成正比,而空气密度则取决于空气的温度。

随着空气温度的上升,其密度会下降。从分子层面上分析,上升的温度使分子运动的平均速度更快,体积增加,所以运动分子的密度(分子的质量除以它们占有的体积)将减小。空气密度的变化如图98.1所示。

我们希望在一定的温度范围内减少空气阻力,如图98.2显示的那样。尽管阻力的增加与自行车选手速度的平方成正比,但是由于气温上升导致阻力减小,将依然可以使4000米争先赛的时间减少1.5秒。与通过改善车身空气动力学特

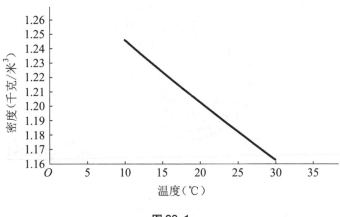

图 98.1

性或改进选手服装降低阻力不同,赛车场的这个特性可以使所有选手获益(虽然最快的比最慢的选手获得的益处更多),并且会增加所有选手在赛道上进行比赛时打破世界纪录的机会。然而这种情况不能完全令人满意。这让人回想起 1968 年的墨西哥城奥运会,在海拔 2240 米的墨西哥城,空气密度低导致空气阻力减少。正如我们所见,在田径项目中众多的运动员表现超常,以致在那里及其他高海拔赛场上创造的纪录被贴上了所谓"高原助力"的标签。看来我们是人为制造了自行车赛的双轨制,将来所有的比赛纪录都必须注明赛道上的空气温度。那些在高温下创造的纪录终将被搁置,就像那些在高海拔辅助下创造的径赛纪录一样。

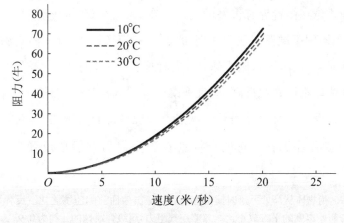

图 98.2

跳动的小球

　　1965 年化学工程师斯廷克利(Norman Stingley)发明了"超级弹跳球",从此让孩子们着迷,并不断威胁着花房的玻璃窗。斯廷克利当初用令人乏味的学名"高弹性聚丁二烯球"申请了专利。事实上斯廷克利是很偶然地发现这种塑料小球会不由自主地弹跳。20 世纪 60 年代,加州的沃尔玛公司将其重新命名,大量生产,并以不到一美元一个的价格销售了数百万个。弹跳球的秘密是生产过程中使用了硫化橡胶,从而使球具有非常高的恢复系数——物理学家这样解释[①]。简言之,当从某一高度松手使它落地(不是抛出),小球会反弹到初始高度90% 以上的位置。如果你用力把它抛出去,则反弹高度会超过你家的屋顶!

　　超级弹跳球在体育界有很好的名声。在 20 世纪 60 年代后期,亨特(Lamar Hunt)——美国国家橄榄球联盟的创始人——在看到他的孩子们充满热情地玩超级弹跳球时,为美国国家橄榄球总决赛杜撰了一个名字"超级碗"。

　　超级弹跳球不仅弹跳得高,而且弹跳得非同寻常,它的表面十分粗糙,以违背直觉的方式反弹。反弹过程对于观察者来说显得非常神秘,因为其反弹的效果不像网球或台球那样。它的奇怪就在于为何当它触地反弹后,很难被接

---

① 　恢复系数 e 指物体从高处下落时撞击地面后与撞击地面前的速度之比。反弹后达到的高度与撞击初始速度的平方成正比。忽略空气阻力,超级弹跳球的 e 约为 0.9。——原注

住——你不知道小球会向哪个方向反弹。图99.1显示了超级弹跳球在地面与桌子底面之间反弹的情况。虚线表示预期的正常小球的反弹轨迹：如果把小球向前方地面掷出，小球将不断向前反弹移动。但如果换成超级弹跳球，它可能在反弹时改变其运动方向，直接向你弹回来！

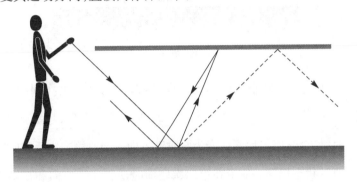

图99.1

产生这种现象是因为超级弹跳球表面粗糙，当它与物体接触时表面不打滑，除了热量和声音的损失（忽略不计），每一次反弹能量都是守恒的。如果球带旋转，则它的运动能量由两个部分组成：质量中心的动能以及围绕中心的旋转能量，而且每一次弹跳的角动能也是守恒的。这两个原则使得球的运动能够预测[①]。使用一些简单的对称原则——不是解复杂的方程式，可以看看会发生些什么。想象一下，将超级弹跳球朝地面扔去，并带有一定的旋转（见图99.2），反弹时没有失去垂直方向上的速度。现在的问题是：反弹后它会怎样运动呢？

反弹必须遵守牛顿运动的基本规律：它们必须在时间上是可逆的。也就是说，如果小球以状态1运动，触地反弹后为状态2，那么在时间反演后，状态2必然反弹成状态1。

---

① 反弹前后弹跳球的总运动能量相等，为 $(1/2)Mv^2 + (1/2)I\omega^2$，反弹前后触地点的角动量 $I\omega - MRv$ 相等。其中 $I = (2/5)MR^2$ 是球的转动惯量，ω 是角速度，v 是球心的速度。当 $e = 1$ 时，垂直于地面的速度分量在每次撞击后都与之前的方向相反。——原注

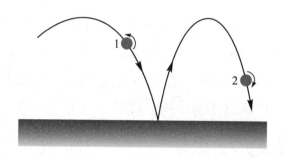

图 99.2

可以简单地通过逆转小球的运动方向及旋转的方向,来找到超级弹跳球在时间反演后的运动状态。如果看看图 99.2,我们可以看到,超级弹跳球开始时的自旋呈逆时针方向,撞击地面后变为顺时针方向。当它第二次反弹时,最终状态必然与开始时的状态相同。如果在第二次碰撞时逆转运动方向和自旋方向,则小球会遵循与状态 1 相同的抛物线路径,从左至右运动,且按逆时针方向自旋。

如果掷出的小球不带任何自转,那么小球的运动将遵循图 99.1 所显示的轨迹,在地板和桌子底面之间来回反弹,并在 3 次反弹后返回面向投掷者,不过速度略微降低。这是可能的,因为超级弹跳球内部的质量分布均匀。如果小球中心的质量密度较大[①],则在两次反弹后正好完全逆转它的路径,如图 99.3 所示。

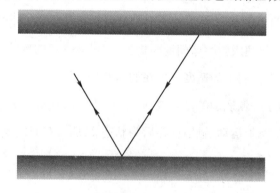

图 99.3

---

① 一个质量为 M、半径为 r 且密度高度集中于中心的球体的转动惯量为 $(1/3)Mr^2$,而非通常的均匀球体的 $(2/5)Mr^2$,后者的行为如本篇第一张图所示。——原注

最后,在斯诺克比赛中使用超级弹跳球会是一个有趣的经历,它会使最优秀的选手也感到困惑。图99.4 显示了在方形台面一侧以45°击打表面平滑的斯诺克球[1]所发生的情况,其运动轨迹为一个封闭的方形(图 99.4 左)。右图给出了以同样角度击打一个表面粗糙的超级弹跳球后小球的运动轨迹。

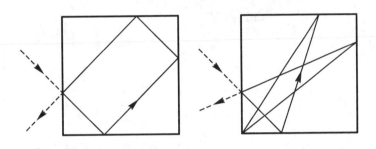

图 99.4

只要稍加练习你就会适应在斯诺克桌上打超级弹跳球,并很快熟悉光滑与粗糙小球不同的运动特征——但不要击打得太狠哦。

①　儿童斯诺克桌有这样的形状。全尺寸的斯诺克桌则由两个相邻的正方形组成。——原注

盒子内的思考

我的书《生活中的数学》出版以后,我收到了很多电子邮件和信件,询问一些数学应用及其相关问题。其中有一个压倒性的常见话题,一些人不理解它,其他人只是不相信它。来信者都是一些感到困惑而又对其充满兴趣的读者,其中至少有一位是非常著名的物理学教授。令他们如此困扰的问题就是著名的"三箱"或"蒙提霍尔"问题。你也许还记得这个问题:有 3 个盒子,只有一个盒子里有奖品,你得猜中有奖品的盒子。这个游戏节目主持人可以看到所有盒子里的内容。他打开其中一个空盒子,展示它是空的,然后询问你想保持原来的选择还是换盒子。你应该怎么做呢? 你始终应该换盒子的。你当初的选择中只有 1/3 的机会是正确的,而有 2/3 的机会是错的。奖品在另外的两个盒子里。这两个之一是空的并且已显示出是空的,所以现在奖品有 2/3 的概率在另一个你没有选择的盒子里——转换到这个盒子,你获胜的机会加倍了!

这个问题并不自相矛盾,只是违反直觉,但它是回答另一个更复杂问题的热身。这次我们再玩一个游戏,只有两个盒子,其中一个盒子里有某个价值的奖品,而另一个盒子里有前者两倍价值的奖品。挑选其中一个盒子并打开,现在给你机会可以选择转换到另一个盒子,你应该怎么做呢? 问题是,你不知道你打开的盒子里的奖品是较大的还是较小的。因此让我们看看,如果你打开一个盒子,

发现它里面是价值 V 的奖品后,转换到另一个盒子所得到的预期回报是什么? 如果 V 是那个小奖,那么转换后你将得到 $2V$ 的奖品。但如果 V 是那个大奖,那么转换后你最终获得的是 $(1/2)V$ 的奖。因此,平均来说,转换将给你带来的预期奖品价值是 $(1/2 \times 2V) + [1/2 \times (1/2)V] = (5/4)V$ 的奖。这比 V 大,所以平均来讲转换后总是能够获益。

　　这是非常奇怪的,因为如果通过转换你总是获益,你就不需要看盒子里是什么了,不是吗? 始终转换。当你转换后,同样的道理也适用于你应该再次转换! 很奇怪吧? 你怎么做呢? 一个有趣的建议是,先问问奖品是什么,如果奖品实际上只是 5 英镑和 10 英镑(或 5 美元和 10 美元)的钞票,那就没必要了。